微分几何简明教程

嵇庆春　编著

科学出版社

北　京

内 容 简 介

本书以较小的篇幅介绍微分几何的基本概念和经典结果，着重解释引入几何概念的动机以及从局部微分几何到整体微分几何的自然过渡. 除了强调微分几何的观点和方法之外，我们也注重介绍微分几何中的微分方程和复分析工具. 作为微分几何的应用，我们将在本书的最后一章用微分几何方法证明紧曲面三角剖分的存在性.

本书的读者对象为数学专业的本科生以及希望快速了解微分几何的基本观点和方法的相关领域科研人员，所需的基础知识包括：数学分析、高等代数和初步的微分方程、复分析、拓扑学.

图书在版编目(CIP)数据

微分几何简明教程/嵇庆春编著. —北京：科学出版社，2021.7

ISBN 978-7-03-069366-2

Ⅰ. ①微… Ⅱ. ①嵇… Ⅲ. ①微分几何–教材 Ⅳ. ①O186.1

中国版本图书馆 CIP 数据核字（2021）第 138120 号

责任编辑：胡庆家　李　萍 / 责任校对：彭珍珍

责任印制：吴兆东 / 封面设计：无极书装

科学出版社 出版

北京东黄城根北街 16 号

邮政编码：100717

http://www.sciencep.com

北京华宇信诺印刷有限公司印刷

科学出版社发行　各地新华书店经销

*

2021 年 7 月第　一　版　　开本：720 × 1000　B5

2025 年 1 月第四次印刷　　印张：8 1/4

字数：165 000

定价：58.00 元

（如有印装质量问题，我社负责调换）

序

微分几何是现代数学的核心领域之一, 并且已经成为理论物理学者必备的数学基础. 数学专业的学生应当尽早掌握微分几何的基本概念和研究方法, 这对于理解近代数学发展、开阔学术眼界、尽早形成学术观点都是至关重要的.

作为一个经典的数学分支, 现在已有不少优秀的微分几何教程. 嵇庆春教授编著的这本《微分几何简明教程》有两个明显的特点:

一、从局部几何到整体几何的过渡非常自然, 清晰地展现了构造几何不变量的活动标架技巧, 以及从局部几何量构造整体几何量的观点和方法;

二、充分体现了微分几何与拓扑、微分方程、复分析等数学分支之间的紧密联系.

该书以极短的篇幅完成了对曲线论和曲面论较为全面的介绍, 在内容的选取和安排上都有新颖的处理.

我相信这本教程的出版, 能够帮助初学者快速有效地掌握微分几何的基本内容和学科特点.

胡和生

中国科学院院士

2021 年 6 月 20 日

前　　言

微分几何是以微积分为基本工具研究空间几何性质的学科, 该学科与分析、拓扑、理论物理等领域有着深刻的联系, 这是一个方兴未艾的重要数学分支.

本书讨论三维欧氏空间 $\mathbb{R}^3$ 中的曲线、曲面论, 系统介绍这方面的基本结果, 并以此阐明最基本的微分几何方法. $\mathbb{R}^3$ 中的曲线和曲面可分别用一维、二维开集到 $\mathbb{R}^3$ 的光滑映射来表示, 这样的表示被称为曲线、曲面的参数化. 我们可以用多种不同的参数化来表示同一个曲线和曲面, 而几何学关心的是曲线、曲面 (即参数化映射的像) 的形状. 因此, 我们要从一个给定的参数化映射找到适当的“几何量”来反映这个映射的**像的形状**. 从曲线 (曲面) 的解析表示发现曲线 (曲面) 的几何量之后, 我们将进一步讨论这些几何量是如何反映曲线、曲面的形状的. 按以上设想,“几何量”可由曲线、曲面的参数化确定, 并且满足如下两个基本要求:

(1) 所定义的“几何量”与参数化的选取无关.

(2) $\mathbb{R}^3$ 中的刚体运动 $x \mapsto Ax + a$ 保持“几何量”不变, 其中 $A \in SO(3)$, $a \in \mathbb{R}^3$($SO(3)$ 是 3×3 特殊正交群).

我们将通过分析曲线 (曲面) 的切线 (切空间) 的无穷小形变找到相关几何量. 具体一点来说, 我们先把曲线的切向量 (曲面的切空间的一组基) 以自然的方式扩张为 $\mathbb{R}^3$ 中的一组基 $F = [F_1, F_2, F_3]$, 使得每个基向量 $F_i(i = 1, 2, 3)$ 均光滑依赖于曲线 (曲面) 的参数; 然后考虑 F 相对于自身的无穷小形变 $dF \cdot F^{-1}$, 并由 $dF \cdot F^{-1}$ 的系数构造出“几何量”. 这一方法通常被称为活动标架法. 我们试图以较小的篇幅介绍微分几何的基本概念和方法, 注重解释概念引入的动机以及从局部到整体的自然过渡. 除了强调几何的方法和观点, 我们也注重介绍微分几何中的微分方程和复分析工具.

在第 1 章中, 利用活动标架方法 (Frenet 标架) 找出正则参数化曲线的几何量, 在接下来的第 2 章中初步讨论曲线几何形状对这些几何量的影响并证明曲线论基本定理. 在第 3, 4 两章中, 讨论平面曲线的相对曲率的几何含义, 并证明旋转数定理 (这是 Gauss-Bonnet 公式的证明中的基本要素之一). 从第 5 章开始讨论曲面论. 首先, 我们在第 5 章中利用活动标架方法引入了曲面论中基本的几何量. 尽管在活动标架方法中采用正交标架场是微分几何中的重要计算技巧之一, 但是为了把预备知识控制在最低程度, 我们将采用曲面的自然标架场. 这个处理主要是为了使得我们的讨论可以避免依赖于外代数和外微分的基础, 而且也已经能充分体现相关的几何观点. 在第 6 章中, 介绍几何曲面论中一些典型的例子, 这些例子可以帮助我们理解一般理论. 在第 7 章中, 用活动标架方法讨论曲面上的曲线, 并由此证明 (局部)Gauss-Bonnet 公式; 并且介绍协变导数、平行移动和向量场在孤立奇点处的指标这些重要几何概念. 在第 8 章中, 讨论了两类与曲面第一基本型密切相关的参数化. 第 7, 8 两章内容是关于曲面内蕴几何的初步介绍. 我们将在第 9 章中证明曲面论基本定理. 曲线论基本定理是常微分方程组理论在几何学中的推论, 而在证明曲面论基本定理时我们需要考虑超定偏微分方程组, 这个超定偏微分方程组的相容性条件就是曲面论中重要的 Gauss-Codazzi 方程. 在第 10 章中, 讨论一类重要的曲面-极小曲面. 在这部分, 我们着重介绍复分析方法. 在第 11 章中, 讨论整体曲面论. 在这一章, 我们注重说明如何把前面已经定义过的局部几何量拼接为整体几何量, 以及如何把前面已经得到的局部结果发展为整体结果, 其中包括可定向曲面的共形坐标覆盖、Hadamard 定理、球面刚性定理、整体 Gauss-Bonnet 公式、Poincaré-Hopf 指标公式、亚纯微分的度数公式等等. 三角剖分在从局部 Gauss-Bonnet 公式到整体 Gauss-Bonnet 公式的过渡中发挥了基本的作用. 在第 12 章中, 用曲面论的微分几何方法证明紧曲面的三角剖分的存在性结果 (Radó 定理), 并尝试让读者初步体验微分几何方法在拓扑学中的应用.

在本书中采用如下一些记号和约定: 分别用 $\mathbb{Z}, \mathbb{R}, \mathbb{C}$ 记整数环、实数域和复数域. 对 $x, y \in \mathbb{R}^3$, x 和 y 的内积、外积分别记为 $x \cdot y$ 和 $x \times y$, 并记 x, y, z 的混合积为 $(x, y, z) := (x \times y) \cdot z$. 我们用上标 "T" 表示矩阵的转置, 并用 δ_{ij} 记 Kronecker 符号. 我们主要考虑光滑映射, 即无限次可微映射. 将具有光滑逆映射的光滑映射称为光滑同胚. 本书的选材参考了国内外的一些优秀教材, 主要包括文献 [1],[6],[7],[9] 等. 这些材料逐步形成于作者多次在复旦大学讲授微分几何课程的讲义, 在此感谢同事和参加这门课程的同学提供的反馈意见.

作者由衷地感谢胡和生院士为本书提出诸多宝贵建议, 并为本书作序.

嵇庆春

2021 年 7 月

目 录

第 1 章　曲线论的基本概念

在本章中, 我们对正则参数化的曲线引入 Frenet 标架, 并通过 Frenet 标架的无穷小形变发现满足前言中基本条件 (1) 和 (2) 的几何量 (即曲线的曲率和挠率).

1.1　正则参数化的曲线

$\mathbb{R}^3$ 中一个**正则参数化的曲线**是指一个满足 $\dfrac{d\gamma}{dt} \neq 0 (t \in I)$ 的光滑映射 $\gamma : I \to \mathbb{R}^3$, 其中 $I \subseteq \mathbb{R}$ 是一个区间, 对 $\gamma = \left(x^1, x^2, x^3\right)^{\mathrm{T}}$, 记

$$\frac{d\gamma}{dt} := \left(\frac{dx^1}{dt}, \frac{dx^2}{dt}, \frac{dx^3}{dt}\right)^{\mathrm{T}}.$$

我们称 $t \in I$ 为正则参数化曲线 $\gamma : I \to \mathbb{R}^3$ 的参数. 设 $\sigma : J \to I$ 是一个光滑函数 ($J \subseteq \mathbb{R}$ 是一个区间), 由定义可知

$$\gamma \circ \sigma : J \to \mathbb{R}^3$$

是一个正则参数化的曲线当且仅当 $\sigma'(\tau) \neq 0$ 对任何 $\tau \in J$ 成立. 此时, 我们称 $\gamma \circ \sigma : J \to \mathbb{R}^3$ 为 $\gamma : I \to \mathbb{R}^3$ 的一个参数变换.

1.2　弧 长 参 数

$\mathbb{R}^3$ 中一个弧长参数化的曲线是指一个满足

$$\left|\frac{d\gamma}{ds}\right| = 1,\ s \in I$$

的光滑映射 $\gamma : I \to \mathbb{R}^3$, 并称 $s \in I$ 为 $\gamma : I \to \mathbb{R}^3$ 的弧长参数.

对任何正则参数化的曲线 $\gamma: I \to \mathbb{R}^3$, 取定 $t_0 \in I$, 令

$$\sigma(t) = \int_{t_0}^{t} \left|\frac{d\gamma}{d\tau}\right| d\tau, \qquad t \in I,$$

则 $s = \sigma(t)$ 为 $\gamma: I \to \mathbb{R}^3$ 的弧长参数, 即 $\left|\dfrac{d}{ds}\gamma \circ \sigma^{-1}\right| \equiv 1$. 此外, 由定义可知, 正则参数化曲线的弧长参数在相差一个符号和平移的意义下唯一.

1.3 Frenet 标架的运动方程、曲率和挠率

由于对任何正则参数化的曲线总可取到弧长参数, 因此只要先对弧长参数化的曲线构造几何量, 再通过参数变换即可给出正则参数化曲线的几何量.

设 $\gamma: I \to \mathbb{R}^3$ 是弧长参数化的曲线, 由 $\dfrac{d\gamma}{ds} \cdot \dfrac{d\gamma}{ds} = 1$ 可知

$$\frac{d\gamma}{ds} \cdot \frac{d^2\gamma}{ds^2} = 0, \quad s \in I,$$

即 $\dfrac{d\gamma}{ds}$ 与 $\dfrac{d^2\gamma}{ds^2}$ 处处正交. 因此, 在 $\dfrac{d^2\gamma}{ds^2} \neq 0$ 处可引入 $\mathbb{R}^3$ 的一组基

$$T(s) := \frac{d\gamma}{ds}, \quad N(s) := \frac{\dfrac{d^2\gamma}{ds^2}}{\left|\dfrac{d^2\gamma}{ds^2}\right|}, \quad B(s) := T(s) \times N(s).$$

从而

$$F(s) = [T(s), N(s), B(s)] \in SO(3), \quad s \in I.$$

由于 $F(s)^{-1} \cdot \dfrac{dF}{ds}(s)$ 是反对称 3×3 矩阵, 即存在 $\kappa, \tau, a \in C^\infty(I)$ 使得

$$\frac{dT}{ds} = \kappa N + aB, \tag{1.1}$$

$$\frac{dN}{ds} = -\kappa T + \tau B, \tag{1.2}$$

$$\frac{dB}{ds} = -aT - \tau N. \tag{1.3}$$

由 (1.1) 和 $\dfrac{dT}{ds} = \dfrac{d^2\gamma}{ds^2} = \left|\dfrac{d^2\gamma}{ds^2}\right| N$ 可得

$$\kappa = \left|\frac{d^2\gamma}{ds^2}\right|, \quad a = 0.$$

对等式 $\dfrac{dT}{ds} = \kappa N$ 两边微分可知, 当 $\kappa(s) \neq 0$ 时

$$\frac{dN}{ds} = \frac{1}{\kappa}\frac{d^2T}{ds^2} + \frac{d}{ds}\left(\frac{1}{\kappa}\right)\frac{dT}{ds},$$

再由 (1.2) 可得

$$\begin{aligned}
\tau &= B \cdot \frac{dN}{ds} = (T \times N) \cdot \frac{dN}{ds} \\
&= \left(T, N, \frac{dN}{ds}\right) \\
&= \left(T, \frac{1}{\kappa}\frac{dT}{ds}, \frac{1}{\kappa}\frac{d^2T}{ds^2} + \frac{d}{ds}\left(\frac{1}{\kappa}\right)\frac{dT}{ds}\right) \\
&= \frac{1}{\kappa^2}\left(T, \frac{dT}{ds}, \frac{d^2T}{ds^2}\right).
\end{aligned}$$

在 $\kappa(s) \neq 0$ 处可定义 $\gamma : I \to \mathbb{R}^3$ 的**挠率**

$$\tau = \frac{1}{\kappa^2}\left(T, \frac{dT}{ds}, \frac{d^2T}{ds^2}\right).$$

由上面的讨论可知

$$\begin{cases}
\dfrac{dT}{ds} = \kappa N, \\[2ex]
\dfrac{dN}{ds} = -\kappa T + \tau B, \\[2ex]
\dfrac{dB}{ds} = -\tau N,
\end{cases}$$

即

$$F^{-1}\frac{dF}{ds} = \begin{bmatrix} 0 & -\kappa & 0 \\ \kappa & 0 & -\tau \\ 0 & \tau & 0 \end{bmatrix}. \tag{1.4}$$

我们称 $\kappa = \left|\frac{dT}{ds}\right|$ 为 $\gamma : I \to \mathbb{R}^3$ 的**曲率**, $F = [T, N, B]$ 为 $\gamma : I \to \mathbb{R}^3$ 的 **Frenet 标架**, 并称 (1.4) 为曲线 γ 的**标架运动方程**.

任取 $A \in SO(3), a \in \mathbb{R}^3$ 和弧长参数化的曲线 $\gamma : I \to \mathbb{R}^3$, 则由定义可知 $A\gamma + a : I \to \mathbb{R}^3$ 仍然是弧长参数化的曲线, 再由 (1.4) 可知 $A\gamma + a$ 和 γ 有相同曲率和挠率. 如上定义的曲率、挠率自动满足前言中的基本要求 (2).

我们先通过一个具体的例子来体会以上定义的几何量. 取三个实数 a, b, c 满足 $a^2 + b^2 = c^2, a > 0$. 定义圆柱螺旋线$\gamma : \mathbb{R} \to \mathbb{R}^3$ 为

$$\gamma(s) = \left(a\cos\frac{s}{c}, a\sin\frac{s}{c}, \frac{bs}{c}\right)^{\mathrm{T}}, \quad s \in \mathbb{R}.$$

由定义可知 γ 是弧长参数化的曲线, γ 的 Frenet 标架 $[T, N, B]$ 由下面的式子给出

$$\begin{aligned} T(s) &= \frac{1}{c}\left(-a\sin\frac{s}{c}, a\cos\frac{s}{c}, b\right)^{\mathrm{T}}, \\ N(s) &= -\left(\cos\frac{s}{c}, \sin\frac{s}{c}, 0\right)^{\mathrm{T}}, \\ B(s) &= \frac{1}{c}\left(b\sin\frac{s}{c}, -b\cos\frac{s}{c}, a\right)^{\mathrm{T}}, \end{aligned}$$

γ 的曲率和挠率分别为

$$\kappa(s) = \frac{a}{c^2}, \quad \tau(s) = \frac{b}{c^2}.$$

在这个例子中, 曲率与圆柱螺旋线在 x^1x^2-平面上的投影的弯曲程度有关, 挠率与圆柱螺旋线在 x^3-轴方向的平移速度有关.

我们现在考虑如何对一般的正则参数化曲线来定义曲率和挠率的概念. 设 $\gamma : I \to \mathbb{R}^3$ 是正则参数化的曲线, 作参数变换 $t = \sigma(s), s \in J$ ($J \subseteq \mathbb{R}$ 是一个区间), 使得 $\gamma_1 = \gamma \circ \sigma : J \to \mathbb{R}^3$ 是弧长参数化的. 由

$$\begin{cases} \dfrac{d\gamma_1}{ds} = \dfrac{d\sigma}{ds}\dfrac{d\gamma}{dt} \circ \sigma, \\ \dfrac{d^2\gamma_1}{ds^2} = \dfrac{d^2\sigma}{ds^2}\dfrac{d\gamma}{dt} \circ \sigma + \left(\dfrac{d\sigma}{ds}\right)^2 \dfrac{d^2\gamma}{dt^2} \circ \sigma, \end{cases}$$

可知

$$\frac{d\gamma_1}{ds} \times \frac{d^2\gamma_1}{ds^2} = \left(\frac{d\sigma}{ds}\right)^3 \left(\frac{d\gamma}{dt} \times \frac{d^2\gamma}{dt^2}\right) \circ \sigma.$$

从而, $\gamma_1 : J \to \mathbb{R}^3$ 的曲率为

$$\begin{aligned} \kappa_{\gamma_1}(s) &= \left|\frac{d^2\gamma_1}{ds^2}\right| \\ &= \left|\frac{d\gamma_1}{ds} \times \frac{d^2\gamma_1}{ds^2}\right| \\ &= \left|\frac{d\sigma}{ds}\right|^3 \left|\frac{d\gamma}{dt} \times \frac{d^2\gamma}{dt^2}\right| \circ \sigma \\ &= \frac{\left|\dfrac{d\gamma}{dt} \times \dfrac{d^2\gamma}{dt^2}\right|}{\left|\dfrac{d\gamma}{dt}\right|^3} \circ \sigma. \end{aligned} \tag{1.5}$$

因此, 若定义 $\gamma : I \to \mathbb{R}^3$ 的**曲率**为

$$\kappa_\gamma(t) = \frac{\left|\dfrac{d\gamma}{dt} \times \dfrac{d^2\gamma}{dt^2}\right|}{\left|\dfrac{d\gamma}{dt}\right|^3}, \tag{1.6}$$

则 $\kappa(t)$ 的定义与参数选取无关, 即对任何参数变换 $\sigma : J \to I$,

$$\kappa_{\gamma\circ\sigma} = \kappa_\gamma \circ \sigma, \tag{1.7}$$

并且当 $\gamma: I \to \mathbb{R}^3$ 是弧长参数化时, (1.6) 与前面给出的曲率定义一致.

对曲率处处非零的正则参数化曲线 $\gamma: I \to \mathbb{R}^3$, 由

$$\begin{cases} \dfrac{d\gamma_1}{ds} = \dfrac{d\sigma}{ds}\dfrac{d\gamma}{dt} \circ \sigma, \\ \dfrac{d^2\gamma_1}{ds^2} \equiv \left(\dfrac{d\sigma}{ds}\right)^2 \dfrac{d^2\gamma}{dt^2} \circ \sigma \mod \dfrac{d\gamma}{dt} \circ \sigma, \\ \dfrac{d^3\gamma_1}{ds^3} \equiv \left(\dfrac{d\sigma}{ds}\right)^3 \dfrac{d^3\gamma}{dt^3} \circ \sigma \mod \left(\dfrac{d\gamma}{dt} \circ \sigma, \dfrac{d^2\gamma}{dt^2} \circ \sigma\right) \end{cases}$$

和 (1.5) 式可知 $\gamma_1: J \to \mathbb{R}^3$ 的挠率为

$$\begin{aligned} \tau_{\gamma_1}(s) &= \frac{1}{\kappa_{\gamma_1}^2}\left(\frac{d\gamma_1}{ds}, \frac{d^2\gamma_1}{ds^2}, \frac{d^3\gamma_1}{ds^3}\right) \\ &= \frac{\left|\dfrac{d\gamma}{dt}\right|^6}{\left|\dfrac{d\gamma}{dt} \times \dfrac{d^2\gamma}{dt^2}\right|^2} \circ \sigma \cdot \left(\frac{d\sigma}{ds}\right)^6 \cdot \left(\frac{d\gamma}{dt}, \frac{d^2\gamma}{dt^2}, \frac{d^3\gamma}{dt^3}\right) \circ \sigma \\ &= \frac{\left(\dfrac{d\gamma}{dt}, \dfrac{d^2\gamma}{dt^2}, \dfrac{d^3\gamma}{dt^3}\right)}{\left|\dfrac{d\gamma}{dt} \times \dfrac{d^2\gamma}{dt^2}\right|^2} \circ \sigma. \end{aligned}$$

因此, 若定义 $\gamma: I \to \mathbb{R}^3$ 的**挠率**为

$$\tau_\gamma(t) = \frac{\left(\dfrac{d\gamma}{dt}, \dfrac{d^2\gamma}{dt^2}, \dfrac{d^3\gamma}{dt^3}\right)}{\left|\dfrac{d\gamma}{dt} \times \dfrac{d^2\gamma}{dt^2}\right|^2}, \quad t \in I, \tag{1.8}$$

则 $\tau(t)$ 的定义与参数选取无关, 即

$$\tau_{\gamma\circ\sigma} = \tau_\gamma \circ \sigma \tag{1.9}$$

对任何参数变换 $\sigma : J \to I$ 成立, 并且当 γ 是弧长参数化曲线时, (1.8) 与前面给出的挠率定义一致.

综合以上讨论, 我们对正则参数化的曲线引入了满足前言中基本条件 (1) 和 (2) 的曲率与挠率. 接下来, 我们将要进一步讨论曲率和挠率如何反映曲线的形状.

第 2 章　曲线论基本定理

我们将在本章中初步分析曲率、挠率如何决定曲线的形状.

2.1　两 个 例 子

首先用两个具体的例子说明曲线的形状和曲率、挠率的函数性质之间的关联.

以下结论对正则参数化的曲线 $\gamma: I \to \mathbb{R}^3$ 成立.

(i) $\kappa \equiv 0$ 当且仅当以下两个条件之一成立:

a. $\gamma(I)$ 包含于 $\mathbb{R}^3$ 中的一条直线;

b. $\gamma(I)$ 的切线过定点.

(ii) 若曲率处处非零, 则对常数 $\theta \in (0, \pi)$ 有: $\dfrac{\tau}{\kappa} = \pm\cot\theta$ 当且仅当存在一个非零常向量 $a \in \mathbb{R}^3$ 使得 $\gamma(I)$ 的切向量与 a 成夹角 θ.

证明　由于曲率和挠率不依赖于参数选取, 我们只要考虑弧长参数化的 γ.

(i) $\kappa = 0 \Leftrightarrow \dfrac{d^2\gamma}{ds^2} = 0 \Leftrightarrow \gamma(s) = as + b$, 其中$a, b \in \mathbb{R}^3$ 且 $|a| = 1$. 即 $\gamma(I)$ 是直线的一部分. 接下来只要证明: 当 γ 的切线过定点时曲率 $\kappa \equiv 0$. 不妨设定点为原点, 则有

$$0 \equiv \gamma \times \frac{d\gamma}{ds}.$$

两边求导数即得

$$0 \equiv \gamma \times \frac{d^2\gamma}{ds^2} = \kappa\gamma \times N.$$

因此, $\kappa\gamma$ 同时平行于 $T = \dfrac{d\gamma}{ds}, N$. 从而, $\kappa\gamma \equiv 0$, 再由曲线的正则性 $\left(\dfrac{d\gamma}{ds} \neq 0\right)$ 可知 $\kappa \equiv 0$.

(ii) 设 $\gamma(I)$ 的切向量与 a 成夹角 θ. 不妨设 $|a| = 1$, 由假设可知

$$T \cdot a = \cos\theta,$$

将等式两边微分并把标架运动方程代入所得等式

$$\kappa N \cdot a = \frac{dT}{ds} \cdot a \equiv 0,$$

即 $N \cdot a \equiv 0$. 从而

$$a = \cos\theta\, T \pm \sin\theta\, B.$$

继续将等式微分并把标架运动方程代入所得等式可得

$$0 = \frac{da}{ds} = \kappa\cos\theta\, N \mp \tau\sin\theta\, N = (\kappa\cos\theta \mp \tau\sin\theta)N,$$

于是 $\dfrac{\tau}{\kappa} = \pm\text{cot}\theta$.

反过来, 设 $\dfrac{\tau}{\kappa} = \pm\cot\theta$. 令 $a = \cos\theta\, T \pm \sin\theta\, B$, 两边同时微分并把标架运动方程代入所得等式可得

$$\frac{da}{ds} = \cos\theta\frac{dT}{ds} \pm \sin\theta\frac{dB}{ds} = \kappa\cos\theta\, N \mp \tau\sin\theta\, N = 0.$$

因此, a 是单位常向量并与曲线的切向量 T 成夹角 θ. #

注 在 (ii) 中取 $\theta = \dfrac{\pi}{2}$ 可知:对曲率处处非零的正则参数化曲线, $\tau \equiv 0$ 当且仅当曲线是平面曲线 (即像落在一个平面内的曲线).

2.2 曲率、挠率与曲线形状

通过前面的具体例子, 我们初步看到曲率和挠率能够反映曲线的几何形状. 接下来, 我们将要证明: 曲率和挠率完全确定了曲线的形状.

$I \subseteq \mathbb{R}$ 是一个区间, 不妨设 $0 \in I$. 任给 $\bar{\kappa}, \bar{\tau} \in C^\infty(I)$, 并设

$$\bar{\kappa} > 0 \text{ 在 } I \text{ 上成立.}$$

再任给常向量 $\gamma_0, T_0, N_0, B_0 \in \mathbb{R}^3$, 使得

$$T_0, N_0 \text{ 是互相正交的单位向量}, B_0 = T_0 \times N_0.$$

我们现在可以叙述并证明曲线论基本定理.

定理 2.1　存在唯一的弧长参数化曲线 $\gamma: I \to \mathbb{R}^3$ 满足

$$\text{曲率 } \kappa = \bar{\kappa}, \quad \text{挠率 } \tau = \bar{\tau},$$

以及

$$\gamma(0) = \gamma_0, \quad \gamma \text{ 在 } s = 0 \text{ 处的 Frenet 标架 } F(0) = [T_0, N_0, B_0].$$

证明　考虑如下常微分方程组

$$\begin{cases} \dfrac{d\gamma}{ds} = F_1, \\ \dfrac{dF_1}{ds} = \bar{\kappa} F_2, \\ \dfrac{dF_2}{ds} = -\bar{\kappa} F_1 + \bar{\tau} F_3, \\ \dfrac{dF_3}{ds} = -\bar{\tau} F_2, \end{cases} \tag{2.1}$$

由于 (2.1) 是关于 γ, F_1, F_2, F_3 的线性常微分方程组, 存在唯一解 γ, F_1, F_2, F_3 满足

$$\gamma(0) = \gamma_0, \quad F_1(0) = T_0, \quad F_2(0) = N_0, \quad F_3(0) = B_0.$$

由 (1.4), 接下来只要证明

$$F(s) := [F_1(s), F_2(s), F_3(s)] \in SO(3), \quad s \in I.$$

由 (2.1) 式的第 2, 3, 4 式可知 $f := F^{-1} \cdot \dfrac{dF}{ds}$ 是反对称矩阵. 从而,

$$\begin{aligned}\frac{d(FF^{\mathrm{T}})}{ds} &= \frac{dF}{ds}F^{\mathrm{T}} + F\left(\frac{dF}{ds}\right)^{\mathrm{T}} \\ &= F\left(f + f^{\mathrm{T}}\right)F^{\mathrm{T}} = 0.\end{aligned}$$

再由

$$F(0) = [T_0, N_0, B_0] \in SO(3)$$

可知 $F(s) \in SO(3)$ 对任何 $s \in I$ 成立. #

由曲线论基本定理中的唯一性可知: 若两个正则参数化的曲线有相同曲率和挠率 (均作为弧长参数的函数), 则有 $\mathbb{R}^3$ 中的刚体运动将其中一条曲线搬运至与另一条重合的位置.

第 3 章　平面曲线的相对曲率

我们已经从前两章的内容知道了曲线的基本几何量是曲率和挠率. 如果曲线落在 $\mathbb{R}^3$ 中的一个平面上, 由于曲线的挠率恒为零, 从而曲线的形状完全由它的曲率确定. 我们将在本章中利用平面的定向对平面曲线给出一个更精细的曲率概念 (即平面曲线的相对曲率).

3.1　相 对 曲 率

与 1.1 节一样, 我们只需要对弧长参数化的平面曲线定义它的相对曲率, 记 $\gamma : I \to \mathbb{R}^2$ 是弧长参数化的曲线. 我们对任何 $s \in I$ 引入

$$T(s) := \frac{d\gamma}{ds}$$

和

$$N_r(s) := T(s) \text{ 逆时针旋转 } \frac{\pi}{2} \text{ 得到的向量, 即 } [T(s), N_r(s)] \in SO(2),$$

其中 $SO(2)$ 是 2×2 特殊正交群.

我们定义 $\gamma : I \to \mathbb{R}^2$ 的**相对曲率**为

$$\kappa_r := \frac{dT}{ds} \cdot N_r.$$

由定义可知

$$\begin{cases} \dfrac{dT}{ds} = \kappa_r N_r, \\ \dfrac{dN_r}{ds} = -\kappa_r T. \end{cases} \tag{3.1}$$

若记 $\gamma(s)=\begin{pmatrix}x^1(s)\\x^2(s)\end{pmatrix}$, 则 $T(s)=\begin{pmatrix}\dfrac{dx^1}{ds}\\\dfrac{dx^2}{ds}\end{pmatrix}$, $N_r(s)=\begin{pmatrix}-\dfrac{dx^2}{ds}\\\dfrac{dx^1}{ds}\end{pmatrix}$. 将 T 和 N_r 的上述表达式代入 κ_r 的定义可得

$$\kappa_r=\begin{vmatrix}\dfrac{dx^1}{ds} & \dfrac{dx^2}{ds}\\ \dfrac{d^2x^1}{ds^2} & \dfrac{d^2x^2}{ds^2}\end{vmatrix}. \tag{3.2}$$

和前面两章一样, 我们记 γ 作为 $\mathbb{R}^3$ 中曲线的曲率为 κ. 由定义可知

$$|\kappa_r|=\kappa.$$

此外, 由 T 和 N_r 的表达式可知 (3.1) 中只有一个独立的等式并可写成如下等价形式:

$$\begin{cases}\dfrac{d^2x^1}{ds^2}=-\kappa_r\dfrac{dx^2}{ds},\\ \dfrac{d^2x^2}{ds^2}=\kappa_r\dfrac{dx^1}{ds}.\end{cases} \tag{3.1$'$}$$

练习 3.1 参考 2.2 节, 叙述并证明平面曲线的基本定理 (用相对曲率代替曲率).

3.2 相对曲率与切向辐角

由定义可知

$$\begin{aligned}\mathbb{R}&\to S^1(\mathbb{R}^2\text{中的单位圆周})\\ \theta&\mapsto(\cos\theta,\sin\theta)^{\mathrm{T}}\end{aligned}$$

是一个覆盖映射. 根据映射提升定理, 存在 $\theta\in C^\infty(I)$ 使得

$$\begin{array}{ccc} & & \mathbb{R}\\ & \overset{\theta}{\nearrow} \circlearrowleft & \downarrow\\ I & \xrightarrow[T]{} & S^1\end{array}\qquad\qquad \begin{array}{c}\theta\\ \downarrow\\ (\cos\theta,\ \sin\theta)^{\mathrm{T}}\end{array}$$

即

$$T(s) = (\cos\theta(s), \sin\theta(s))^{\mathrm{T}}, \quad s \in I. \tag{3.3}$$

由 (3.3) 可知 $\theta \in C^\infty(I)$ 在相差 $2\pi\mathbb{Z}$ 中一个常数的意义下唯一. 将等式 (3.3) 代入相对曲率的定义可得

$$\kappa_r = \frac{dT}{ds} \cdot N_r = \frac{d\theta}{ds}. \tag{3.4}$$

因此, 相对曲率 κ_r 恰好是平面曲线**切向量辐角的变化率**.

练习 3.2 如果存在常数 $0 \neq a \in \mathbb{R}$, 使得 $\kappa_r \equiv a$, 则 $\gamma(I)$ 包含在以 $\dfrac{1}{|a|}$ 为半径的圆周内.

类似于 (1.6), 我们可对任何正则参数化的曲线 $\gamma : I \to \mathbb{R}^2$ 定义**相对曲率**如下

$$\kappa_r(t) = \frac{\begin{vmatrix} \dfrac{dx^1}{dt} & \dfrac{dx^2}{dt} \\ \dfrac{d^2x^1}{dt^2} & \dfrac{d^2x^2}{dt^2} \end{vmatrix}}{\left[\left(\dfrac{dx^1}{dt}\right)^2 + \left(\dfrac{dx^2}{dt}\right)^2\right]^{\frac{3}{2}}}, \quad t \in I,$$

其中 $x^1(t)$ 和 $x^2(t)$ 是 $\gamma(t) = \big(x^1(t), x^2(t)\big)^{\mathrm{T}}$ 的分量函数.

与 1.3 节中一样, 上述相对曲率 $\kappa_r(t)$ 的定义不依赖于 γ 保定向的参数化 (即仅考虑严格递增的参数变换), 并且对任何 $A \in SO(2)$ 和 $a \in \mathbb{R}^2$, 平面曲线 $A\gamma + a$ 与 γ 有相同的相对曲率, 即 κ_r 是满足前言中基本要求 (1) 和 (2) 的几何量.

对椭圆 $\gamma(t) := (a\cos t, b\sin t)^{\mathrm{T}}, t \in \mathbb{R}$ ($a \geqslant b$ 是两个正常数), 由上述定义可知

$$\kappa_r(t) = \frac{ab}{\left(a^2\sin^2 t + b^2\cos^2 t\right)^{\frac{3}{2}}}. \tag{3.5}$$

练习 3.3 设 $f(z)$ 是复平面中圆心在原点的单位闭圆盘的某个开邻域上的全纯函数, $\dfrac{df}{dz}$ 在单位圆周上处处非零. 证明:

(i) 如下映射

$$\gamma : [0, 2\pi] \to \mathbb{R}^2$$
$$\theta \mapsto (\mathrm{Re}f, \mathrm{Im}f)^{\mathrm{T}}(e^{\sqrt{-1}\theta})$$

是一个正则参数化的曲线.

(ii) γ 的相对曲率 $\kappa_r(\theta) = \dfrac{\mathrm{Re}\left(e^{\sqrt{-1}\theta}\dfrac{d^2 f}{dz^2} + \dfrac{df}{dz}\right)\overline{\dfrac{df}{dz}}}{\left|\dfrac{df}{dz}\right|^3}(e^{\sqrt{-1}\theta})$.

(iii) $\dfrac{1}{2\pi}\displaystyle\int_0^{2\pi} \kappa_r(\theta)\left|\dfrac{d\gamma}{d\theta}\right| d\theta = 1 + \dfrac{df}{dz}$ 在单位圆盘内的零点数 (按重数计).

在引入相对曲率的概念时, 我们利用了曲线所在平面上的定向 (相当于取定平面在 $\mathbb{R}^3$ 中的一个法向量). 我们将在 7.1 节中把平面曲线的相对曲率推广到曲面上的曲线的测地曲率 (同时还将引入测地挠率的概念), 并在此基础上进一步讨论曲面的微分几何.

第 4 章　平面简单闭曲线

我们在本章中讨论平面上简单闭曲线的相对曲率的几何性质, 主要包括以下两个方面的内容: ① 关于相对曲率对弧长参数的积分的 Hopf 旋转数定理, 我们将在第 7 章中利用该定理证明局部 Gauss-Bonnet 公式; ② 相对曲率的驻点.

在这一章中, 我们记 $\gamma : [0, L] \to \mathbb{R}^2$ 是分段光滑的连续映射 $(0 < L < +\infty)$, 即存在 $0 = s_0 < s_1 < \cdots < s_{k+1} = L$ 使得

$$\gamma|_{[s_{j-1}, s_j]} \text{ 是弧长参数化的曲线 } (1 \leqslant j \leqslant k+1),$$

并且

$$\text{单侧导数满足 } \frac{d^i\gamma}{ds^i}(0+0) = \frac{d^i\gamma}{ds^i}(L-0), i = 0, 1.$$

我们进一步设:

(i) $\gamma(u) \neq \gamma(v)$ 对任何满足 $0 < |v-u| < L$ 的 $u, v \in [0, L]$ 成立. 称这样的 γ 为分段正则的简单闭曲线. 为了叙述方便, 我们要求 γ 关于 $\gamma([0, L])$ 在 $\mathbb{R}^2$ 中围成的有界区域是正定向的.

(ii) $\dfrac{d\gamma}{ds}(s_j - 0)$ 与 $\dfrac{d\gamma}{ds}(s_j + 0)$ 的夹角 $\theta_j \in (-\pi, \pi)$, 其中我们约定 θ_j 的符号与行列式 $\det\left(\dfrac{d\gamma}{ds}(s_j - 0), \dfrac{d\gamma}{ds}(s_j + 0)\right)$ 的符号一致. 称 s_j(或$\gamma(s_j)$) 为 γ 的顶点, 称 $\theta_j (1 \leqslant j \leqslant k)$为 γ 的外角. 当 $k = 0$(即没有顶点) 时, 称 γ 为正则的简单闭曲线.

4.1 Hopf 旋转数定理

由映射提升定理可知: 存在 $\theta \in C^{\infty}([0, L] \setminus \{s_j\}_{j=1}^{k})$ 使得

$$\frac{d\gamma}{ds} = (\cos\theta(s), \sin\theta(s))^{\mathrm{T}}, \quad s \in [0, L] \setminus \{s_j\}_{j=1}^{k}; \tag{4.1}$$
θ 在 s_j 处的左、右极限 $\theta(s_j \pm 0)$ 均存在, $1 \leqslant j \leqslant k$.

由连续性, $\theta|_{[s_{j-1}, s_j]}$ 至多相差 $2\pi\mathbb{Z}$ 中的常数被 γ 唯一确定 $(1 \leqslant j \leqslant k+1)$. 从而

$$\sum_{j=1}^{k+1} (\theta(s_j - 0) - \theta(s_{j-1} + 0))$$

不依赖于满足 (4.1) 式的 θ 的选择. 再根据 (3.4),

$$\frac{d\theta}{ds} = \kappa_r \text{ 在}[0, L] \setminus \{s_j\}_{j=1}^{k}\text{上成立}. \tag{4.2}$$

我们现在开始证明如下 Hopf 旋转数定理.

定理 4.1 设分段光滑的平面简单闭曲线 $\gamma : [0, L] \to \mathbb{R}^2$ 满足上面的条件 (i) 和 (ii), 则有

$$\int_0^L \kappa_r(s) ds = \sum_{j=1}^{k+1} (\theta(s_j - 0) - \theta(s_{j-1} + 0)) = 2\pi - \sum_{j=1}^{k} \theta_j, \tag{4.3}$$

其中 $\theta \in C^{\infty}([0, L] \setminus \{s_j\}_{j=1}^{k})$ 是任何满足 (4.1) 式的函数.

证明 第一个等号是 (4.2) 的直接推论, 接下来证明第二个等号.

不妨设 $\theta_j \neq 0, 1 \leqslant j \leqslant k$. 取一条直线使得它与 $\gamma([0, L])$ 相交非空并且它们的交集不含 $\gamma(s_j), 1 \leqslant j \leqslant k$. 再由 $\gamma([0, L])$ 的紧性可知, 存在一个交点使得它在上述直线上确定的一条射线与 $\gamma([0, L])$ 恰有一个交点, 至多重新选择闭曲线 γ 的起点, 可设该交点为 $\gamma(0)$(由 (4.3) 中第一

个等号, 重新选择起点不改变 $\sum_{j=1}^{k+1}(\theta(s_j-0)-\theta(s_{j-1}+0))$ 的值), 取 $a\in S^1$ 使得

$$\gamma([0,L])\cap(\gamma(0)+\mathbb{R}_{\geqslant 0}a)=\gamma(0).$$

记 $\Delta=\{(u,v)\in\mathbb{R}^2|0\leqslant u\leqslant v\leqslant L\}\backslash\{(s_j,s_j)\}_{j=1}^k$, 定义映射 $\Phi:\Delta\to S^1$ 如下:

$$\Phi(u,v):=\begin{cases}\dfrac{\gamma(v)-\gamma(u)}{|\gamma(v)-\gamma(u)|}, & 0<v-u<L,\\ \dfrac{d\gamma}{ds}(u), & u=v\neq s_j, 1\leqslant j\leqslant k,\\ -\dfrac{d\gamma}{ds}(0), & u=0, v=L.\end{cases}$$

由定义可知 $\Phi:\Delta\to S^1$ 是连续映射. 再由 Δ 的单连通性和映射提升定理可知存在 $\varphi\in C(\Delta)$ 使得对任何 $(u,v)\in\Delta$,

$$\Phi(u,v)=(\cos\varphi(u,v),\sin\varphi(u,v))^{\mathrm{T}}.$$

令 $\theta(s)=\varphi(s,s), s\in[0,L]\setminus\{s_j\}_{j=1}^k$, 则 $\theta\in C^\infty([0,L]\setminus\{s_j\}_{j=1}^k)$ 满足 (4.1). 因为

$$\sum_{j=1}^{k+1}(\theta(s_j-0)-\theta(s_{j-1}+0))=\theta(L)-\theta(0)-\sum_{j=1}^{k}(\theta(s_j+0)-\theta(s_j-0)),$$

接下来我们只要证明:

$$\theta(L)-\theta(0)=2\pi \text{ 和 } \theta(s_j+0)-\theta(s_j-0)=\theta_j, 1\leqslant j\leqslant k.$$

我们记

$$\begin{aligned}\theta(L)-\theta(0)&=\varphi(L,L)-\varphi(0,0)\\&=(\varphi(L,L)-\varphi(0,L))+(\varphi(0,L)-\varphi(0,0))\\&:=I+II.\end{aligned}$$

首先

$$\left.\begin{array}{r}\Phi(L,L)=\dfrac{d\gamma}{ds}(L)=\dfrac{d\gamma}{ds}(0),\Phi(0,L)=-\dfrac{d\gamma}{ds}(0)\\ \text{当 } 0<s<L \text{ 时}, \Phi(s,L) \text{ 连续依赖于 } s, \text{且 } \Phi(s,L)\neq -a\\ \dfrac{d\gamma}{ds} \text{ 逆时针旋转 } \dfrac{\pi}{2} \text{ 所得向量指向 } \gamma([0,L]) \text{ 所围的有界区域}\end{array}\right\}\Rightarrow I=\pi.$$

类似地, $II=\pi$. 这就证明了 $\varphi(L,L)-\varphi(0,0)=2\pi$.

对 $1\leqslant j\leqslant k$ 和充分小的 $\varepsilon>0$, $\dfrac{d\gamma}{ds}(s_j\pm\varepsilon)=(\cos\theta(s_j\pm\varepsilon),\sin\theta(s_j\pm\varepsilon))^{\mathrm{T}}$. 令 $\varepsilon\to 0+$ 可得

$$\frac{d\gamma}{ds}(s_j\pm 0)=(\cos\theta(s_j\pm 0),\sin\theta(s_j\pm 0))^{\mathrm{T}}.$$

再由 θ_j 的符号的选择可知, 存在 $p\in\mathbb{Z}$ 使得

$$\theta(s_j+0)-\theta(s_j-0)=\theta_j+2p\pi. \tag{4.4}$$

接下来证明 $p=0$.

$$\begin{aligned}\theta(s_j+\varepsilon)-\theta(s_j-\varepsilon)=&(\varphi(s_j+\varepsilon,s_j+\varepsilon)-\varphi(s_j,s_j+\varepsilon))\\&+(\varphi(s_j,s_j+\varepsilon)-\varphi(s_j-\varepsilon,s_j))\\&+(\varphi(s_j-\varepsilon,s_j)-\varphi(s_j-\varepsilon,s_j-\varepsilon))\\:=&III+IV+V.\end{aligned} \tag{4.5}$$

记 $\Delta_j:=\{(u,v)\in\Delta|s_{j-1}\leqslant u\leqslant v\leqslant s_j\},1\leqslant j\leqslant k$. 由 $\Phi\in C(\Delta_j)$ 可知 $\varphi\in C(\Delta_j)$. 从而当 $\varepsilon\to 0+$ 时, 如图 4.1 所示,

$$III\to 0,\quad V\to 0. \tag{4.6}$$

将过 $\gamma(s_j)$ 且平分 $\dfrac{d\gamma}{ds}(s_j+0)$ 和 $-\dfrac{d\gamma}{ds}(s_j-0)$ 夹角的直线记为 $\ell_j, 1\leqslant j\leqslant k$.

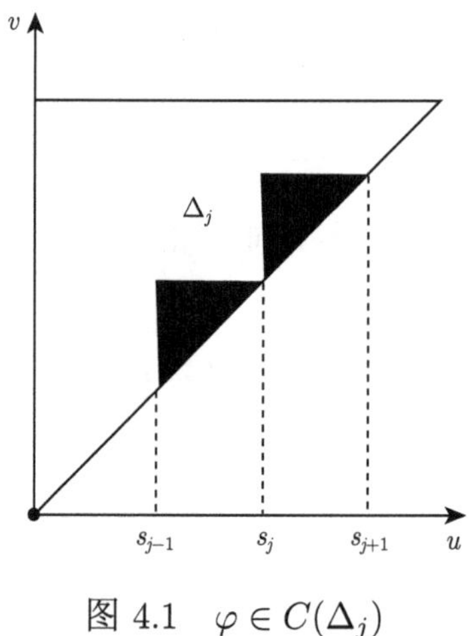

图 4.1　$\varphi \in C(\Delta_j)$

由于 $\dfrac{d\gamma}{ds}(s_j+0) \times \dfrac{d\gamma}{ds}(s_j-0) \neq 0$, 因此当 $\varepsilon > 0$ 充分小时,

$$\gamma(s_j-(1-t)\varepsilon) \in \ell_j^-, \quad \gamma(s_j+t\varepsilon) \in \ell_j^+, \quad t \in (0,1),$$

其中 $\ell_j^\pm$ 是 ℓ_j 将 $\mathbb{R}^2$ 分成的两个半平面, 如图 4.2 所示. 由于 $\varphi(s_j-(1-t)\varepsilon, s_j+t\varepsilon)$ 连续依赖于 $t \in [0,1]$, 如图 4.3 所示,

$$|IV| < \pi \text{ 对充分小的 } \varepsilon > 0 \text{ 成立.}$$

代入 (4.5) 和 (4.6) 可知 $\big|\theta(s_j+0)-\theta(s_j-0)\big| < \pi$, 这就证明了 (4.4) 中 $p=0$. #

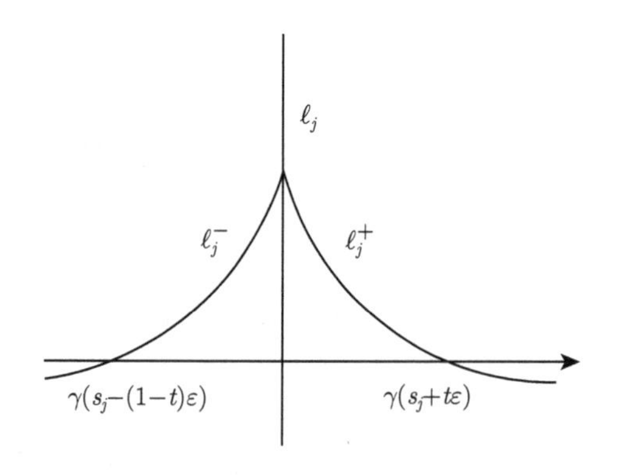

图 4.2　角平分线 ℓ_j

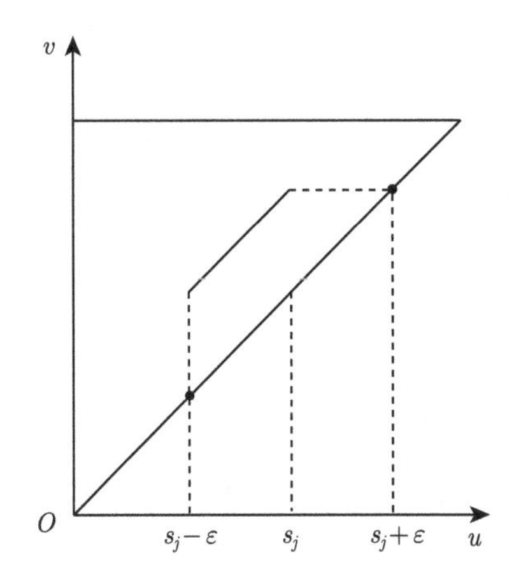

图 4.3 $\varphi(s_j-(1-t)\varepsilon, s_j+t\varepsilon), 0 \leqslant t \leqslant 1$

4.2 相对曲率的驻点

由 (3.5) 式可知, 当 $a>b$ 时椭圆的相对曲率恰有两个最大值点(图 4.4 上最左边和最右边的点) 和两个最小值点(图 4.4 上最高和最低的点), 因此相对曲率有四个驻点$\left(即 \dfrac{d\kappa_r}{ds} 的零点\right)$. 事实上, 由于平面上正则参数化的闭曲线的相对曲率满足

$$\frac{d^i\kappa_r}{ds}(0)=\frac{d^i\kappa_r}{ds}(L), \quad i=1,2,$$

于是, 我们可将 κ_r 延拓为 $\mathbb{R}$ 上以 L 为周期的连续可微函数. 从而有

(i) κ_r 至少有一个最大值点和一个最小值点.

当相对曲率在 $[0,L)$ 中仅有有限多个驻点时, 还有:

(ii) $s_0\in\mathbb{R}$ 是 κ_r 的局部极值点 (极大值点或极小值点)当且仅当 $\dfrac{d\kappa_r}{ds}(s_0)=0$ 并且 $\dfrac{d\kappa_r}{ds}$ 在 $s=s_0$ 附近的两侧分别取正值和负值;

(iii) κ_r 在 $[0,L)$ 中的局部极值点的个数必为偶数.

为了简化以下的讨论, 我们设 $\gamma:[0,L]\to\mathbb{R}$ 是平面上正则参数化的闭曲线, 并设 $\kappa_r>0$ 在 $[0,L]$ 上成立.

由 3.2 节中的讨论可知: 存在 $\theta \in C^{\infty}([0, L])$ 使得

$$\frac{d\theta}{ds} = \kappa_r > 0, \quad T = (\cos\theta, \sin\theta)^{\mathrm{T}}.$$

再由 Hopf 旋转数定理, $\theta(L) - \theta(0) = 2\pi$. 从而, $T: [0, L) \to S^1$ 是一一对应, 因此

$$\gamma([0, L]) \text{ 与任何直线至多交于两个点.} \tag{4.7}$$

假设 κ_r 在 $[0, L)$ 中仅有有限多个驻点并且恰好有两个局部极值点 (必为最大值点和最小值点), 记

$$\kappa_r(0) = \max_{s\in[0,L]} \kappa_r(s), \quad \kappa_r(s_0) = \min_{s\in[0,L]} \kappa_r(s), \quad s_0 \in [0, L).$$

至多做一个刚体运动, 不妨设

$$x^1(0) < x^1(s_0), \quad x^2(0) = x^2(s_0) = 0.$$

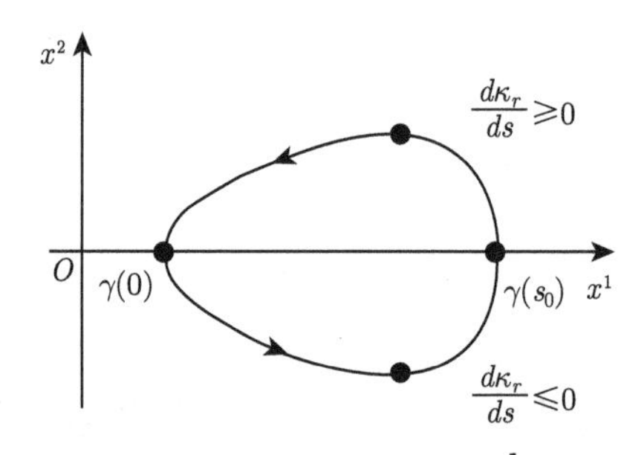

图 4.4 $\kappa_r(s_0) \leqslant \kappa_r \leqslant \kappa_r(0), \dfrac{d\kappa_r}{ds}x^2 \geqslant 0$

由 (ii) 和 (4.7) 式可知 $\dfrac{d\kappa_r}{ds}x^2$ 不恒等于零并且

$$\frac{d\kappa_r}{ds}x^2 \geqslant 0,$$

从而

$$\int_0^L \kappa_r \frac{dx^2}{ds} ds = -\int_0^L \frac{d\kappa_r}{ds} x^2 ds < 0. \tag{4.8}$$

但是, 根据 (3.1)′, 我们有

$$\int_0^L \kappa_r \frac{dx^2}{ds} ds = -\int_0^L \frac{d^2x^1}{ds^2} ds = 0.$$

这和 (4.8) 式矛盾, 再由 (iii) 可知 κ_r 至少有四个局部极值点. 这就证明了以下结论.

命题 4.1 具有正相对曲率的正则参数化的简单闭曲线的相对曲率至少有四个驻点.

注 1 这个命题对平面上任何正则参数化的简单闭曲线成立 (不必假设相对曲率处处为正, 见 [4]), 关于逆命题的讨论可见 [2].

注 2 上述结论通常被称为四顶点定理, 这里的顶点是指相对曲率的驻点 (区别于我们在本节开头对分段正则曲线定义的顶点).

第 5 章　曲面论的基本概念

从这一章开始, 我们将讨论曲面的微分几何. 和曲线论的一个重要区别在于: 曲面一般没有类比于曲线弧长参数的这类特殊参数. 尽管曲面论的讨论也会因此复杂一些, 活动标架方法仍然可以帮我们发现曲面的基本几何量. 首先我们引入正则参数化的曲面的概念.

5.1　正则参数化的曲面

设 $D \subseteq \mathbb{R}^2$ 是一个开区域, $\phi : D \to \mathbb{R}^3$ 是光滑映射. 对 $u = (u^1, u^2) \in D$, 记

$$\phi(u) = \left(x^1(u), x^2(u), x^3(u)\right)^{\mathrm{T}}, \quad \phi_i := \left(\partial_{u^i} x^1, \partial_{u^i} x^2, \partial_{u^i} x^3\right)^{\mathrm{T}}, \quad i = 1, 2.$$

若对任何 $u \in D, \phi_1(u)$ 和 $\phi_2(u)$ 线性无关, 则称 $\phi : D \to \mathbb{R}^3$ 是一个**正则参数化的曲面**. 我们定义 $\phi : D \to \mathbb{R}^3$ 在 $u \in D$ 处的**切空间**

$$T_u\phi := \text{由 } \phi_1(u), \phi_2(u) \text{ 在 } \mathbb{R}^3 \text{ 中张成的子空间.}$$

由定义可知 $\dim T_u\phi = 2, u \in D$.

练习 5.1　$\phi(D)$ 在局部上总可表示为 $\mathbb{R}^3$ 中某个坐标平面 (中开区域) 上的函数的图.

设 $\bar{D} \subseteq \mathbb{R}^2$ 也是一个开区域, $\sigma : \bar{D} \to D$ 是光滑映射, 则由导数的链式法则可知: $\phi \circ \sigma : \bar{D} \to \mathbb{R}^3$ 是正则参数化的曲面当且仅当 σ 的 Jacobi 行列式在 $\bar{D}$ 上处处非零. 我们称 $\phi \circ \sigma : \bar{D} \to \mathbb{R}^3$ 为 $\phi : D \to \mathbb{R}^3$ 的一个**参数变换**.

接下来, 我们要利用活动标架方法从 $\phi : D \to \mathbb{R}^3$ 构造出能够反映 $\phi(D)$ 在 $\mathbb{R}^3$ 中形状的几何量.

5.2 标架运动方程

设 $\phi: D \to \mathbb{R}^3$ 是正则参数化的曲面, 对任意 $u \in D$ 定义

$$\nu_\phi(u) := \frac{\phi_1(u) \times \phi_2(u)}{|\phi_1(u) \times \phi_2(u)|},$$

由定义可知: ν_ϕ 光滑依赖于 $u \in D$ 且与 $T_u\phi$ 垂直, 我们称 ν_ϕ 为 ϕ 的**单位法向量场**. 在不引起混淆的情况下, 我们将省略 ν_ϕ 中的下标 ϕ.

由于对任何 $u \in D, \phi_1(u), \phi_2(u), \nu(u)$ 构成 $\mathbb{R}^3$ 的一组基, 类似于曲线的 Frenet 标架场, 称 $[\phi_1, \phi_2, \nu]$ 为 ϕ 的**自然标架场**. 我们将分析自然标架场相对于自身的无穷小形变, 并由此找到曲面的基本几何量.

首先, 存在唯一的 $\Gamma_{ij}^k, h_{ij}, w_j^k \in C^\infty(D), 1 \leqslant i,j,k \leqslant 2$, 使得

$$\phi_{ij} = \sum_{k=1}^{2} \Gamma_{ij}^k \phi_k + h_{ij}\nu, \tag{5.1}$$

$$\nu_j = -\sum_{k=1}^{2} w_j^k \phi_k, \tag{5.2}$$

其中 $\phi_{ij} := \partial_{u^i}\partial_{u^j}\phi,\ \nu_j = \partial_{u^j}\nu, 1 \leqslant i,j \leqslant 2$.

由 ϕ_{ij} 关于指标 i,j 的对称性可知

$$\Gamma_{ij}^k = \Gamma_{ji}^k, \quad h_{ij} = h_{ji}, \quad 1 \leqslant i,j,k \leqslant 2. \tag{5.3}$$

接下来, 我们确定系数 $\Gamma_{ij}^k, h_{ij}, w_j^k (1 \leqslant i,j,k \leqslant 2)$.

将 (5.1) 式两边和 ν 作内积:

$$h_{ij} = \phi_{ij} \cdot \nu = -\phi_i \cdot \nu_j = -\phi_j \cdot \nu_i, \quad 1 \leqslant i,j \leqslant 2. \tag{5.4}$$

将 (5.2) 式两边和 $\phi_l (l=1,2)$ 作内积:

$$-\sum_{k=1}^{2} w_j^k \phi_k \cdot \phi_l = \nu_j \cdot \phi_l \overset{(5.4)}{=\!=} -h_{jl}, \quad 1 \leqslant j,l \leqslant 2. \tag{5.5}$$

记

$$g_{kl} := \phi_k \cdot \phi_l, \quad 1 \leqslant k, l \leqslant 2, \tag{5.6}$$

由于 ϕ_1 与 ϕ_2 线性无关, 2×2 矩阵 $[g_{kl}]$ 是正定阵. 以下记

$$[g_{kl}]^{-1} := [g^{kl}], \tag{5.7}$$

即 $[g_{kl}]$ 的逆矩阵的第 k 行、第 l 列的元素为 $g^{kl}(1 \leqslant k, l \leqslant 2)$. (5.5) 式可改写为 $\sum_{k=1}^{2} w_j^k g_{kl} = h_{jl}$, $1 \leqslant j, l \leqslant 2$. 在这个等式两边同乘 g^{lm} 并对 $l = 1, 2$ 作和可得

$$\sum_{l=1}^{2} h_{jl} g^{lm} = \sum_{k=1}^{2} \sum_{l=1}^{2} w_j^k g_{kl} g^{lm} \overset{(5.7)}{=\!=} w_j^m, \quad 1 \leqslant j, m \leqslant 2, \tag{5.8}$$

这就确定了系数 w_j^k.

将 (5.1) 式两边和 $\phi_l (l = 1, 2)$ 作内积:

$$\begin{aligned} \sum_{k=1}^{2} \Gamma_{ij}^k g_{kl} &= \phi_{ij} \cdot \phi_l = \partial_{u^i} (\phi_j \cdot \phi_l) - \phi_j \cdot \phi_{il} \\ &\overset{(5.1)}{=\!=} \partial_{u^i} g_{jl} - \sum_{k=1}^{2} \Gamma_{il}^k g_{kj}, \end{aligned}$$

即

$$\partial_{u^i} g_{jl} = \sum_{k=1}^{2} \Gamma_{ij}^k g_{kl} + \sum_{k=1}^{2} \Gamma_{il}^k g_{kj}, \quad 1 \leqslant i, j, l \leqslant 2. \tag{5.9}$$

在 (5.9) 式中轮换指标 i, j, l 可得

$$\partial_{u^j} g_{li} = \sum_{k=1}^{2} \Gamma_{jl}^k g_{ki} + \sum_{k=1}^{2} \Gamma_{ji}^k g_{kl}, \tag*{(5.9)$'$}$$

$$\partial_{u^l} g_{ij} = \sum_{k=1}^{2} \Gamma_{li}^k g_{kj} + \sum_{k=1}^{2} \Gamma_{lj}^k g_{ki}, \quad 1 \leqslant i, j, l \leqslant 2. \tag*{(5.9)$''$}$$

最后, (5.9) + (5.9)′ − (5.9)″ 给出系数 Γ_{ij}^k 的表达式

$$\Gamma_{ij}^k=\frac{1}{2}\sum_{l=1}^{2}(\partial_{u^i}g_{jl}+\partial_{u^j}g_{il}-\partial_{u^l}g_{ij})g^{kl},\qquad 1\leqslant i,j,k\leqslant 2. \tag{5.10}$$

综合以上讨论, (5.1), (5.2) 中的 $\Gamma_{ij}^k, h_{ij}, w_j^k$ 分别由 (5.10), (5.4), (5.8) 定义. 我们把 (5.1), (5.2) 两式称为**标架运动方程**.

练习 5.2 若 g_{ij}, h_{ij} 均为常数 $(1\leqslant i,j\leqslant 2)$, 则 $\phi(D)\subseteq\mathbb{R}^3$ 是平面或正圆柱面的开子集.

练习 5.3 不妨设 $0\in D$, $\phi(0)=0$. 证明:

(i) $\phi(u)=\sum_{k=1}^2\left(u^k+\frac{1}{2}\sum_{i,j=1}^2\Gamma_{ij}^k(0)u^iu^j\right)\partial_{u^k}\phi(0)$

$+\left(\frac{1}{2}\sum_{i,j=1}^2 h_{ij}(0)u^iu^j\right)\nu_\phi(0)+o(|u|^2).$

(ii) 存在参数变换 $\phi\circ\sigma:\bar{D}\to\mathbb{R}^3, F\in C^\infty(\bar{D})$ 使得

$$\phi\circ\sigma(\bar{u})=\sum_{i=1}^{2}\bar{u}^i\partial_{u^i}\phi(0)+F(\bar{u})\nu_\phi(0),$$

$$\partial_{\bar{u}^i}F(0)=0(i=1,2),\quad \left[\partial_{\bar{u}^i}\partial_{\bar{u}^j}F(0)\right]=\frac{1}{2}\left[h_{ij}(0)\right],\quad \sigma(0)=0.$$

5.3 曲面论的基本几何量

对给定的正则参数化的曲面 $\phi: D\to\mathbb{R}^3$, 记 $\mathrm{I}_{\phi,u}$ 为 $T_u\phi$ 作为 $\mathbb{R}^3$ 的子空间自然诱导的内积 $(u\in D)$, 并称 $\mathrm{I}_{\phi,u}$ 为 ϕ 在 $u\in D$ 处的**第一基本型**. $\mathrm{I}_{\phi,u}$ 关于 $T_u\phi$ 的基 $[\phi_1(u),\phi_2(u)]$ 的度量矩阵为

$$g_\phi(u):=[g_{ij}(u)].$$

在不引起混淆的情况下, 我们将省略 $\mathrm{I}_{\phi,u}$ 和 g_ϕ 中的下标 ϕ.

设 $\phi\circ\sigma:\bar{D}\to\mathbb{R}^3$ 是 $\phi: D\to\mathbb{R}^3$ 的一个参数变换.

因为

$$\partial_{\bar{u}^i}(\phi\circ\sigma)=\sum_{k=1}^{2}\frac{\partial u^k}{\partial\bar{u}^i}(\partial_{u^k}\phi)\circ\sigma,\quad i=1,2 \tag{5.11}$$

在 $\bar{D}$ 上成立, 关于这两组基的度量矩阵有如下关系:

$$g_{\phi\circ\sigma}=J\cdot g_\phi\circ\sigma\cdot J^{\mathrm{T}} \tag{5.12}$$

在 $\bar{D}$ 上成立, 其中 $J:=\begin{bmatrix}\dfrac{\partial u^1}{\partial\bar{u}^1} & \dfrac{\partial u^2}{\partial\bar{u}^1}\\ \dfrac{\partial u^1}{\partial\bar{u}^2} & \dfrac{\partial u^2}{\partial\bar{u}^2}\end{bmatrix}$.

由 (5.11) 式还可以得到

$$\partial_{\bar{u}^1}(\phi\circ\sigma)\times\partial_{\bar{u}^2}(\phi\circ\sigma)=\det J\cdot(\partial_{u^1}\phi\times\partial_{u^2}\phi)\circ\sigma. \tag{5.13}$$

从而, 当 $\det J>0$ 时 (此时称 $\phi\circ\sigma$ 是 ϕ 的**保定向的参数变换**),

$$\nu_{\phi\circ\sigma}=\nu_\phi\circ\sigma \tag*{(5.13)$'$}$$

在 $\bar{D}$ 上成立.

记

$$h_\phi(u):=[h_{ij}(u)],\quad u\in D.$$

由 (5.4), (5.13)′ 可知

$$h_{\phi\circ\sigma}=J\cdot h_\phi\circ\sigma\cdot J^{\mathrm{T}} \tag{5.14}$$

在 $\bar{D}$ 上成立. 令

$$\omega_\phi:=h_\phi\cdot g_\phi^{-1},$$

由 (5.13)′, (5.14) 可知

$$\omega_{\phi\circ\sigma}=J\cdot\omega_\phi\circ\sigma\cdot J^{-1} \tag{5.15}$$

在 $\bar{D}$ 上成立.

定义 5.1 ϕ 的**平均曲率** $H_\phi := \dfrac{1}{2}\mathrm{tr}\ \omega_\phi$. ϕ 的 **Gauss 曲率** $K_\phi := \det\omega_\phi$. 在不引起混淆的情况下, 我们将省略 H_ϕ, K_ϕ 的下标 ϕ.

由 (5.15) 可知

$$K_{\phi\circ\sigma} = K_\phi \circ \sigma, \qquad H_{\phi\circ\sigma} = H_\phi \circ \sigma \tag{5.16}$$

在 $\bar{D}$ 上成立, 即平均曲率、Gauss 曲率与参数化的选取无关.

练习 5.4 证明: $K = \dfrac{h_{11}h_{22} - h_{12}^2}{g_{11}g_{22} - g_{12}^2}, H = \dfrac{g_{11}h_{22} + g_{22}h_{11} - 2g_{12}h_{12}}{2(g_{11}g_{22} - g_{12}^2)}$.

对任何 $u \in D$, 以 $h_\phi(u)$ 作为关于基 $[\phi_1(u), \phi_2(u)]$ 的表示矩阵可定义 $T_u\phi$ 上的二次型 $\mathrm{II}_{\phi,u}$. 由 (5.11) 可知

$$T_{\bar{u}}\phi\circ\sigma = T_{\sigma(\bar{u})}\phi \subseteq \mathbb{R}^3. \tag{5.11$'$}$$

再由 (5.14) 可知: 对任何 $\bar{u} \in \bar{D}$,

$$\mathrm{II}_{\phi\circ\sigma,\bar{u}} = \mathrm{II}_{\phi,\sigma(\bar{u})} \quad (\text{作为 } T_{\bar{u}}\phi\circ\sigma = T_{\sigma(\bar{u})}\phi \text{ 上的二次型}). \tag{5.14$'$}$$

称二次型 $\mathrm{II}_{\phi,u}$ 为 ϕ 在 $u \in D$ 处的**第二基本型**, 在不引起混淆的情况下, 我们将省略 $\mathrm{II}_{\phi,u}$ 和 h_ϕ 中的下标 ϕ.

对任何 $u \in D$, 可定义 $T_u\phi$ 上的线性变换 $W_{\phi,u}$ 如下:

$$W_{\phi,u}(\phi_i(u)) = \sum_{k,l=1}^{2} h_{ik}g^{kl}\phi_l(u), \qquad i = 1, 2.$$

由 (5.15) 可知: 对任何 $\bar{u} \in \bar{D}$,

$$W_{\phi\circ\sigma,\bar{u}} = W_{\phi,\sigma(\bar{u})} \quad (\text{作为 } T_{\bar{u}}\phi\circ\sigma = T_{\sigma(\bar{u})}\phi \text{ 上的线性变换}). \tag{5.15$'$}$$

我们称 $W_{\phi,u}$ 为 ϕ 在 $u \in D$ 处的 **Weingarten 变换**, 在不引起混淆的情况下, 我们将省略 $W_{\phi,u}$ 的下标 ϕ.

以上讨论说明第一基本型、第二基本型、Weingarten 变换、平均曲率、Gauss 曲率均满足前言中的基本条件 (1), 即不依赖于参数化的选取. 此外, 由定义可知: 对任何 $X, Y \in T_u\phi$,

$$W_u X \cdot Y = \mathrm{II}_u(X, Y),$$

从而, W_u 是 $T_u\phi$ 上自共轭变换. 我们记 $k_1(u) \leqslant k_2(u)$ 为 W_u 的两个特征值, 则

$$H = \frac{k_1 + k_2}{2}, \qquad K = k_1 k_2,$$

即

$$k_1 = H - \sqrt{H^2 - K}, \qquad k_2 = H + \sqrt{H^2 - K}.$$

因此, k_1, k_2 是 D 上连续函数. 我们把 $k_1(u), k_2(u)$ 称为 ϕ 在 $u \in D$ 处的**主曲率**.

练习 5.5　设 $c_i : (-\varepsilon, \varepsilon) \to D$ 是光滑映射, $i = 1, 2$. $c_1(0) = c_2(0) := u_0$, 证明:

$$\mathrm{II}_{u_0}\left(\frac{d\phi \circ c_1}{dt}(0), \frac{d\phi \circ c_2}{dt}(0)\right) = -\frac{d\phi \circ c_1}{dt}(0) \cdot \frac{d\nu \circ c_2}{dt}(0), \tag{5.17}$$

$$W_{u_0}\left(\frac{d\phi \circ c_1}{dt}(0)\right) = -\frac{d\nu \circ c_1}{dt}(0). \tag{5.18}$$

练习 5.6　设常数 $\lambda \in \mathbb{R}$ 满足 $1 - 2\lambda H_\phi + \lambda^2 K_\phi \neq 0$ 在 D 上成立, 证明: (i) $\phi^\lambda := \phi + \lambda\nu_\phi : D \to \mathbb{R}^3$ 是正则参数化的曲面.

(ii) $K_{\phi_\lambda} = \dfrac{K_\phi}{1 - 2\lambda H_\phi + \lambda^2 K_\phi}, H_{\phi_\lambda} = \dfrac{H_\phi - \lambda K_\phi}{|1 - 2\lambda H_\phi + \lambda^2 K_\phi|}$.

(iii) 利用前面的结果讨论如何从具有常平均曲率 $H \neq 0$ (常 Gauss 曲率 $K > 0$) 的曲面构造具有常 Gauss 曲率 (常平均曲率) 的曲面.

5.4 关于刚体运动的不变性

若 $\phi : D \to \mathbb{R}^3$ 是正则参数化的曲面, 由定义 (或 (5.17),(5.18)) 可知: 对任何 $A \in SO(3), a \in \mathbb{R}^3$,

$$A\phi + a : D \to \mathbb{R}^3$$

也是正则参数化的曲面并且与 $\phi : D \to \mathbb{R}^3$ 有相同第一基本型、第二基本型, 从而有相同的 Weingarten 变换 (通过线性同构 $A : T_u\phi \to T_u(A\phi+a)$ 把两个切空间等同起来)、平均曲率、Gauss 曲率. 因此, 第一基本型、第二基本型、平均曲率、Gauss 曲率均满足前言中的基本条件 (2).

5.5 切向量场与参数变换

设 $\phi : D \to \mathbb{R}^3$ 是正则参数化的曲面, ϕ 的一个**光滑切向量场**是指满足

$$X(u) \in T_u\phi, \quad u \in D$$

的一个光滑映射 $X : D \to \mathbb{R}^3$. 记 $\mathfrak{X}(\phi)$ 为 ϕ 的切向量场的全体.

5.5.1 线性独立的向量场与参数变换

由定义可知 $\phi_1, \phi_2 \in \mathfrak{X}(\phi)$. 一般来说, ϕ 的切向量场并不能表示为 (即便在一点附近) ϕ 关于适当参数的偏导数. 但是, 我们能证明如下结论.

定理 5.1 设 $X, Y \in \mathfrak{X}(\phi)$, $X(u_0)$ 与 $Y(u_0)$ 线性无关 ($u_0 \in D$), 则存在 $\mathbb{R}^2$ 中原点的开邻域 $\bar{U}$, u_0 在 D 中的开邻域 U 以及光滑同胚 $\sigma : \bar{U} \to U$ 使得 $\sigma(0,0) = u_0$ 并且对任何 $\bar{u} \in \bar{U}$, $\partial_{\bar{u}^1}(\phi \circ \sigma)$ 和 $\partial_{\bar{u}^2}(\phi \circ \sigma)$ 分别平行于 $X \circ \sigma(\bar{u})$ 和 $Y \circ \sigma(\bar{u})$.

分析: 记

$$X = X^1 \circ \phi_1 + X^2 \circ \phi_2,$$

$$Y = Y^1 \circ \phi_1 + Y^2 \circ \phi_2,$$

$X^i, Y^i \in C^\infty(D), i = 1, 2.$ 由 (5.11) 可知

$$X \circ \sigma = \sum_{i,j=1}^{2} \left(X^i \frac{\partial \bar{u}^j}{\partial u^i} \right) \circ \sigma \partial_{\bar{u}^j}(\phi \circ \sigma),$$

$$Y \circ \sigma = \sum_{i,j=1}^{2} \left(Y^i \frac{\partial \bar{u}^j}{\partial u^i} \right) \circ \sigma \partial_{\bar{u}^j}(\phi \circ \sigma).$$

从而,

$$\begin{cases} X \circ \sigma \text{ 平行于 } \partial_{\bar{u}^1}(\phi \circ \sigma) \Leftrightarrow \displaystyle\sum_{i=1}^{2} X^i \frac{\partial \bar{u}^2}{\partial u^i} = 0, \\ Y \circ \sigma \text{ 平行于 } \partial_{\bar{u}^2}(\phi \circ \sigma) \Leftrightarrow \displaystyle\sum_{i=1}^{2} Y^i \frac{\partial \bar{u}^1}{\partial u^i} = 0. \end{cases} \tag{5.19}$$

证明 不妨设 $(X^1)^2 + (X^2)^2 = (Y^1)^2 + (Y^2)^2 = 1.$ (5.20)

取光滑映射 $\gamma : (-\varepsilon, \varepsilon) \to D$ 满足

$$\frac{d\gamma}{dt} = (Y^1, Y^2) \circ \gamma, \quad \gamma(0) = u_0.$$

考虑映射

$$F : (-\varepsilon, \varepsilon)^2 \to D$$
$$(\bar{u}^1, t) \mapsto \gamma(t) + \bar{u}^1 (Y^2, -Y^1) \circ \gamma(t).$$

F 在 $(0, 0)$ 处的 Jacobi 矩阵为 $\begin{bmatrix} Y^2 & -Y^1 \\ Y^1 & Y^2 \end{bmatrix}(u_0) \in SO(2)$, 由反函数定理可知, 当 $\varepsilon > 0$ 充分小时, F 定义了 $(-\varepsilon, \varepsilon)^2$ 到 u_0 的某个开邻域的微分同胚, 并且

$$\begin{bmatrix} \dfrac{\partial \bar{u}^1}{\partial u^1} & \dfrac{\partial t}{\partial u^1} \\ \dfrac{\partial \bar{u}^1}{\partial u^2} & \dfrac{\partial t}{\partial u^2} \end{bmatrix}(u_0) = \begin{bmatrix} Y^2 & -Y^1 \\ Y^1 & Y^2 \end{bmatrix}^{-1}(u_0) = \begin{bmatrix} Y^2 & Y^1 \\ -Y^1 & Y^2 \end{bmatrix}(u_0).$$

由 (5.20) 可知 $\partial_t F = (Y^1, Y^2)\circ\gamma + \bar{u}^1 \dfrac{d}{dt}(Y^2, -Y^1)\circ\gamma$ 平行于 $(Y^1, Y^2)\circ\gamma$. 此外, 由定义可知 $\dfrac{d}{dt}(\bar{u}' \circ F(\cdot, t)) \equiv 0$. 这就找到定义在 u_0 的某个开邻域上的光滑函数 $\bar{u}^1$ 满足 (5.19) 式中的第二式, 并且

$$\frac{\partial \bar{u}^1}{\partial u^1}(u_0) = Y^2(u_0), \quad \frac{\partial \bar{u}^1}{\partial u^2}(u_0) = -Y^1(u_0).$$

类似地, 存在 u_0 的某个开邻域上的光滑函数 $\bar{u}^2$ 满足 (5.19) 中第一式, 并且

$$\frac{\partial \bar{u}^2}{\partial u^1}(u_0) = X^2(u_0), \quad \frac{\partial \bar{u}^2}{\partial u^2}(u_0) = -X^1(u_0).$$

再由反函数定理可得所要的参数变换. #

在定理中取处处正交的向量场 $X, Y \in \mathfrak{X}(\phi)$, 我们有如下推论.

推论 5.1 对任何正则参数化曲面 $\phi: D \to \mathbb{R}^3$ 和 $u_0 \in D$, 存在 $\mathbb{R}^2$ 中原点的开邻域 $\bar{U}$, u_0 在 D 中的开邻域 U, 以及光滑同胚 $\sigma: \bar{U} \to U$ 使得

$$\sigma(0,0) = u_0, \quad \partial_{\bar{u}^1}(\phi\circ\sigma) \text{ 垂直于 } \partial_{\bar{u}^2}(\phi\circ\sigma)$$

在 $\bar{U}$ 上成立.

5.5.2 曲率线参数

如果 $k_1(u) = k_2(u)$ 成立, 我们称 $u \in D$ 为 ϕ 的**脐点**. 若 $u_0 \in D$ 不是 ϕ 的脐点, 由 Gauss 消元法可知: 存在 u_0 在 D 中的开邻域 U 以及 $e_1, e_2 \in \mathfrak{X}(\phi|_U)$ 使得

$$|e_i(u)| = 1, \quad W_u e_i(u) = k_i(u) e_i(u), \quad u \in U, \quad i = 1, 2.$$

由定理 5.1, 存在 ϕ 的参数变换 $\phi\circ\sigma: \bar{U} \to \mathbb{R}^3$ 使得

$$\partial_{\bar{u}^i}(\phi\circ\sigma)(\bar{u}) \text{ 平行于 } e_i\circ\sigma(\bar{u}), \quad \bar{u} \in \bar{U},\ i = 1, 2.$$

由于 W_u 是 $T_u\phi$ 上的自共轭变换, $e_1(u)$ 垂直于 $e_2(u), u \in \bar{U}$. 因此,

$$\mathrm{I}_{\phi\circ\sigma,\bar{u}}, \mathrm{II}_{\phi\circ\sigma,\bar{u}} \text{关于基 } [\partial_{\bar{u}^1}\phi\circ\sigma, \partial_{\bar{u}^2}\phi\circ\sigma] \text{ 的矩阵均是对角阵}, \bar{u} \in \bar{U}. \quad (5.21)$$

满足 (5.21) 的参数 $\bar{u} \in \bar{U}$ 被称为 $\phi \circ \sigma$ 的**曲率线参数**. 上述 $e_1(u)$ 和 $e_2(u)$ 被称为 ϕ 在 u 处的**主方向**.

5.6 Gauss 曲率与曲面形状

我们通过两个例子说明 Gauss 曲率和曲面形状之间的关联. 首先, 我们有如下观察.

引理 5.1 若存在 $u_0 \in D$ 使得

$$|\phi(u_0)| = \max_{u \in D} |\phi(u)|,$$

则

$$K(u_0) \geqslant \frac{1}{|\phi(u_0)|^2}.$$

证明 令 $F(u) = |\phi(u)|^2, u \in D$. 由于 F 在 $u = u_0$ 处取最大值, 我们有

$$\partial_i F(u_0) = 0, \quad i = 1, 2, \tag{5.22}$$

$$\begin{bmatrix} \partial_1^2 F & \partial_1 \partial_2 F \\ \partial_2 \partial_1 F & \partial_2^2 F \end{bmatrix} (u_0) \leqslant 0, \tag{5.23}$$

其中 $\partial_i := \partial_{u^i}, i = 1, 2$. 由 (5.22) 式可知

$$\nu(u_0) = \pm \frac{\phi}{|\phi|}(u_0).$$

再将这个关系代入 (5.23) 式可得

$$\mathrm{II}_{u_0} \geqslant \frac{1}{|\phi(u_0)|} \mathrm{I}_{u_0} \quad 或 \quad \mathrm{II}_{u_0} \leqslant \frac{-1}{|\phi(u_0)|} \mathrm{I}_{u_0}.$$

最后, 由 $W_{u_0} X \cdot Y = \mathrm{II}_{u_0}(X, Y)$ 即得 $K \geqslant \dfrac{1}{|\phi(u_0)|^2}$. #

由练习 5.3, 我们可以得到 Gauss 曲率在一点处的符号与曲面在该点附近的形状之间的如下关系.

练习 5.7 设 $\phi: D \to \mathbb{R}^3$ 是正则参数化的曲面, $u_0 \in D$.

(i) 证明：当 $K(u_0) > 0$ 时，存在 u_0 的非空开邻域 U 使得 $\phi(U)$ 包含于切平面 $\phi(u_0) + T_{u_0}\phi$ 的同一侧.

(ii) 证明：当 $K(u_0) < 0$ 时，对 u_0 的任何非空开邻域 U, $\phi(U)$ 都经过切平面 $\phi(u_0) + T_{u_0}\phi$ 的两侧.

(iii) 进一步讨论当 $K(u_0) = 0$ 时是否有类似性质成立.

5.7 Gauss 曲率的内蕴表示

根据 Gauss 曲率的定义 $K_\phi = \det \omega_\phi$, Gauss 曲率由 ϕ 的第一基本型、第二基本型共同确定. 在本节中, 我们将借助标架运动方程给出一个从任何单位切向量场出发计算曲面 Gauss 曲率的方法, 并由此给出 Gauss 曲率完全不依赖于第二基本型的表达式. Gauss 曲率仅依赖于曲面第一基本型的事实是由 Gauss 发现的深刻定理, 通常被称为 Gauss 绝妙定理 (Gauss' theorema egregium). Gauss 绝妙定理是微分几何发展中的一个里程碑, 它被认为是内蕴微分几何的起点.

引理 5.2 设 $\xi \in \mathfrak{X}(\phi)$ 且 $|\xi| = 1$ 在 D 上成立, 定义 D 上的 1-形式

$$\alpha_\xi := \sum_{i=1}^{2} (\xi, \nu, \xi_i) du^i,$$

则

$$d\alpha_\xi = K dA, \tag{5.24}$$

其中 $\xi_i := \partial_{u^i}\xi, i = 1, 2,\ dA := \sqrt{\det g} du^1 \wedge du^2$.

证明 由 (5.2) 式可知

$$\nu_1 \times \nu_2 = K\phi_1 \times \phi_2 = K\sqrt{\det g}\nu. \tag{5.2$'$}$$

记 $\eta = \nu \times \xi$, 在 D 上有

$$d\alpha_\xi = [\partial_{u^1}(\xi, \nu, \xi_2) - \partial_{u^2}(\xi, \nu, \xi_1)] du^1 \wedge du^2$$

$$
\begin{aligned}
&= [(\xi_1, \nu, \xi_2) + (\xi, \nu_1, \xi_2) - (\xi_2, \nu, \xi_1) - (\xi, \nu_2, \xi_1)]du^1 \wedge du^2 \\
&\xlongequal{\xi_1,\xi_2,\nu\perp\xi} [(\xi, \nu_1, \xi_2) - (\xi, \nu_2, \xi_1)]du^1 \wedge du^2 \\
&\xlongequal{\nu_1,\nu_2,\xi\perp\nu} [(\xi, \nu_1, \nu)(\xi_2 \cdot \nu) - (\xi, \nu_2, \nu)(\xi_1 \cdot \nu)]du^1 \wedge du^2 \\
&= [-(\nu_1 \cdot \eta)(\nu_2 \cdot \xi) + (\nu_2 \cdot \eta)(\nu_1 \cdot \xi)]du^1 \wedge du^2 \\
&= (\nu_1 \times \nu_2) \cdot (\xi \times \eta) du^1 \wedge du^2 \\
&\xlongequal{(5.2)'} K\sqrt{\det g}\nu \cdot \nu du^1 \wedge du^2 \\
&= K\sqrt{\det g} du^1 \wedge du^2,
\end{aligned}
$$

其中, 我们在倒数第三个等号处使用了 Lagrange 恒等式. #

取

$$
\xi = \frac{\phi_1}{\sqrt{g_{11}}} \in \mathfrak{X}(\phi),
$$

则

$$
\alpha_\xi = \sum_{i=1}^{2} \left(\frac{\phi_1}{\sqrt{g_{11}}}, \nu, \frac{\phi_{1i}}{\sqrt{g_{11}}} \right) du^i \xlongequal{(5.1)} -\sum_{i=1}^{2} \frac{\sqrt{\det g}}{g_{11}} \Gamma_{1i}^2 du^i. \tag{5.25}
$$

比较 (5.24),(5.25) 可得

$$
K = \frac{1}{\sqrt{\det g}} \left[\partial_2 \left(\frac{\sqrt{\det g}\Gamma_{11}^2}{g_{11}} \right) - \partial_1 \left(\frac{\sqrt{\det g}\Gamma_{12}^2}{g_{11}} \right) \right]. \tag{5.26}
$$

特别地, K 完全由 ϕ 的第一基本型决定, (5.26) 被称为 **Gauss 方程**. 由第一基本型确定的几何量通常被称为内蕴几何量, 因此 Gauss 方程告诉我们 Gauss 曲率是一个内蕴几何量.

若 $u \in D$ 是 ϕ 的**正交参数**(即 $g_{12} \equiv 0$), 则由 (5.10) 可知

$$
\Gamma_{22}^1 = -\frac{\partial_1 g_{22}}{2g_{11}}, \quad \Gamma_{11}^2 = -\frac{\partial_2 g_{11}}{2g_{22}}, \quad \Gamma_{ij}^i = \frac{\partial_j g_{ii}}{2g_{ii}}, \quad 1 \leqslant i, j \leqslant 2. \tag{5.27}
$$

再由 (5.26) 可知, 当 u 是 ϕ 的正交参数时

$$K=\frac{-1}{2\sqrt{g_{11}g_{22}}}\left[\partial_1\left(\frac{\partial_1 g_{22}}{\sqrt{g_{11}g_{22}}}\right)+\partial_2\left(\frac{\partial_2 g_{11}}{\sqrt{g_{11}g_{22}}}\right)\right]. \tag{5.28}$$

练习 5.8 定义 D 上的 1-形式

$$\beta:=\sum_{i=1}^{2}(\phi,\nu,\phi_i)du^i \quad 和 \quad \gamma:=\sum_{i=1}^{2}(\phi,\nu,\nu_i)du^i,$$

证明:

$$d\beta=-2(1+H\phi\cdot\nu)dA, \quad d\gamma=2(H+K\phi\cdot\nu)dA.$$

5.8 平均曲率公式

在本章的最后一部分, 我们利用标架运动方程给出平均曲率的一个公式. 由 (5.1) 式,

$$\sum_{i,j=1}^{2}g^{ij}\phi_{ij}-\sum_{i,j,k=1}^{2}g^{ij}\Gamma_{ij}^{k}\phi_k=2H\nu. \tag{5.29}$$

再由 (5.10) 式, 对 $k=1,2$,

$$\begin{aligned}\sum_{i,j=1}^{2}g^{ij}\Gamma_{ij}^{k}&=\frac{1}{2}\sum_{i,j,k=1}^{2}g^{ij}g^{kl}(\partial_i g_{jl}+\partial_j g_{il}-\partial_l g_{ij})\\&=\frac{1}{2}\sum_{i,j,l=1}^{2}g^{kl}(-\partial_i g^{ij}\cdot g_{jl}-\partial_j g^{ij}\cdot g_{il}+\partial_l g^{ij}\cdot g_{ij})\\&=\frac{-1}{2}\sum_{i=1}^{2}\partial_i g^{ik}-\frac{1}{2}\sum_{j=1}^{2}\partial_j g^{kj}+\frac{1}{2}\sum_{i,j,l=1}^{2}\partial_l g^{ij}\cdot g_{ij}\cdot g^{kl}\\&=-\sum_{j=1}^{2}\partial_j g^{jk}-\sum_{l=1}^{2}\partial_l\log\sqrt{\det g}\cdot g^{kl},\end{aligned}$$

其中 $\partial_i:=\partial_{u^i}$, $i=1,2$. 从而, (5.29) 式可改写成

$$\frac{1}{\sqrt{\det g}}\sum_{i,j=1}^{2}\partial_i(\sqrt{\det g}g^{ij}\phi_j)=2H\nu. \tag{5.30}$$

我们将在 6.1 节中利用 (5.30) 给出图的平均曲率公式 (6.1)—(6.3).

第 6 章　几类特殊曲面

在本章中, 我们介绍几类典型的曲面. 这几类曲面为后面几节的讨论提供了具体例子.

6.1　函 数 的 图

设 D 是平面中的开区域, $f \in C^\infty(D)$, 则

$$\phi(u) := (u, f(u))^{\mathrm{T}}, \quad u \in D$$

定义了一个正则参数化的曲面, 我们称该曲面为函数 f 的图.

直接计算可得

$$\begin{aligned}
&\phi_1 = (1, 0, f_1)^{\mathrm{T}}, \ \ \phi_2 = (0, 1, f_2)^{\mathrm{T}}, \ \ \nu = \frac{(-f_1, -f_2, 1)^{\mathrm{T}}}{\sqrt{1 + f_1^2 + f_2^2}}, \\
&g_{11} = 1 + f_1^2, \ \ g_{12} = g_{21} = f_1 f_2, \ \ g_{22} = 1 + f_2^2,
\end{aligned}$$

$$\begin{aligned}
h_{11} &= \frac{f_{11}}{\sqrt{1 + f_1^2 + f_2^2}}, \quad h_{12} = h_{21} = \frac{f_{12}}{\sqrt{1 + f_1^2 + f_2^2}}, \\
h_{22} &= \frac{f_{22}}{\sqrt{1 + f_1^2 + f_2^2}}, \quad K = \frac{f_{11} f_{22} - f_{12}^2}{(1 + f_1^2 + f_2^2)^2}, \\
H &= \frac{(1 + f_1^2) f_{22} + (1 + f_2^2) f_{11} - 2 f_1 f_2 f_{12}}{2(1 + f_1^2 + f_2^2)^{\frac{3}{2}}},
\end{aligned}$$

其中 $f_i = \partial_{u^i} f$, $f_{ij} = \partial_{u^i} \partial_{u^j} f$, $1 \leqslant i, j \leqslant 2$.

比较 (5.30) 式两边的分量可得

$$2H = \partial_1 \left(\frac{f_1}{\sqrt{1 + f_1^2 + f_2^2}} \right) + \partial_2 \left(\frac{f_2}{\sqrt{1 + f_1^2 + f_2^2}} \right), \tag{6.1}$$

$$2f_1H = \partial_2\left(\frac{f_1f_2}{\sqrt{1+f_1^2+f_2^2}}\right) - \partial_1\left(\frac{1+f_2^2}{\sqrt{1+f_1^2+f_2^2}}\right), \tag{6.2}$$

$$2f_2H = \partial_1\left(\frac{f_1f_2}{\sqrt{1+f_1^2+f_2^2}}\right) - \partial_2\left(\frac{1+f_1^2}{\sqrt{1+f_1^2+f_2^2}}\right). \tag{6.3}$$

6.2　旋转曲面

$I \subseteq \mathbb{R}$ 是一个开区间, $F, G \in C^\infty(I)$ 使得

$$\begin{aligned} &I \to \mathbb{R}^3 \\ &u^1 \mapsto (F(u^1), 0, G(u^1))^{\mathrm{T}} \end{aligned}$$

是正则参数化的曲线, 并设 $F > 0$ 在 I 上成立. 将上述曲线绕 x^3-轴旋转得到一个正则参数化的曲面

$$\phi(u) = [F(u^1)\cos u^2, F(u^1)\sin u^2, G(u^1)]^{\mathrm{T}}, \quad x \in I \times \mathbb{R} \to \mathbb{R}^3.$$

直接计算可得

$$\phi_1 = (F'\cos u^2, F'\sin u^2, G')^{\mathrm{T}}, \qquad \phi_2 = (-F\sin u^2, F\cos u^2, 0)^{\mathrm{T}},$$

$$\nu = \frac{(-G'\cos u^2, -G'\sin u^2, F')^{\mathrm{T}}}{\sqrt{(F')^2+(G')^2}},$$

$$g_{11} = (F')^2 + (G')^2, \qquad g_{12} = g_{21} = 0, \qquad g_{22} = F^2,$$

$$h_{11} = \frac{F'G''-F''G'}{\sqrt{(F')^2+(G')^2}}, \qquad h_{12} = h_{21} = 0, \qquad h_{22} = \frac{FG'}{\sqrt{(F')^2+(G')^2}},$$

$$K = \frac{G'(F'G''-F''G')}{F[(F')^2+(G')^2]^2} = \frac{G'\kappa_r}{F\sqrt{(F')^2+(G')^2}},$$

$$H = \frac{F(F'G''-F''G')+G'[(F')^2+(G')^2]}{2F[(F')^2+(G')^2]^{\frac{3}{2}}} = \frac{\kappa_r}{2} + \frac{G'}{2F\sqrt{(F')^2+(G')^2}},$$

其中, 我们用 $'$ 和 $''$ 记关于 u^1 的导数, κ_r 是由 F, G 在 xz-平面中定义的曲线的相对曲率.

6.3 直 纹 面

如下正则参数化曲面 $\phi: I \times J \to \mathbb{R}^3$ 被称为直纹面 (图 6.1):

$$\phi(u^1, u^2) = a(u^1) + u^2 b(u^1), \quad (u^1, u^2) \in I \times J,$$

其中 $I, J \subseteq \mathbb{R}$ 是开区间, $a, b: I \to \mathbb{R}^3$ 是光滑映射. 由定义可知 ϕ 的像 $\phi(I \times J) \subseteq \mathbb{R}^3$ 由直线组成.

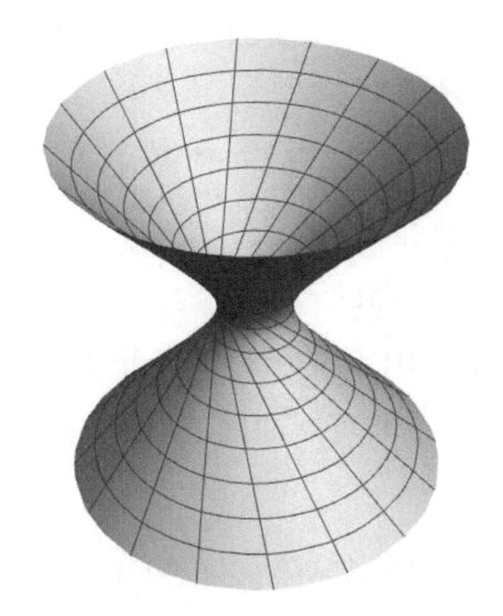

图 6.1 直纹面

6.3.1 直纹面的 Gauss 曲率

直接计算可知

$$\begin{aligned}
&\phi_1 = a' + u^2 b', \quad \phi_2 = b, \quad \nu = \frac{(a' + u^2 b') \times b}{|(a' + u^2 b') \times b|}, \\
&g_{11} = |a' + u^2 b'|^2, \quad g_{12} = g_{21} = (a' + u^2 b')b', \quad g_{22} = |b|^2, \\
&h_{11} = \frac{(a'' + u^2 b'', a' + u^2 b', b)}{|(a' + u^2 b') \times b|}, \quad h_{12} = h_{21} = \frac{(b', a', b)}{|(a' + u^2 b') \times b|},
\end{aligned}$$

$$h_{22}=0.$$

由 $h_{22}=0$ 可知

$$K=\frac{-h_{12}^2}{g_{11}g_{22}-g_{12}^2}\leqslant 0,$$

并且

$$K=0 \text{ 当且仅当 } (b',a',b)=0. \tag{6.4}$$

6.3.2 可展曲面

我们称 Gauss 曲率 $K=0$ 的直纹面为**可展曲面**.

练习 6.1 直纹面是可展曲面当且仅当 $\nu_2=0$ (提示: $\nu_2=0\Leftrightarrow\nu(u^1,u^2)$ 平行于 $\nu(u^1,u^2+\varepsilon)$).

由 (6.1) 可知, 以下条件之一成立时直纹面 ϕ 是可展曲面:

(i) $a'\equiv 0,\phi$ 的像是锥面的一部分;

(ii) $b'\equiv 0,\phi$ 的像是柱面的一部分;

(iii) b 平行于 $a'(a'\neq 0),\phi$ 的像是一条正则曲线的切线面的一部分.

接下来, 我们给出一个非可展曲面的直纹面的例子. 固定一个 $r>0$, 定义

$$a(u^1)=(r\cos u^1, r\sin u^1, 0)^{\mathrm{T}},$$

$$b(u^1)=\left(\cos\frac{u^1}{2}\cos u^1,\cos\frac{u^1}{2}\sin u^1,\sin\frac{u^1}{2}\right)^{\mathrm{T}},$$

则 $\phi(u^1,u^2)=a(u^1)+u^2b(u^1),(u^1,u^2)\in\mathbb{R}^2$ 定义了一个正则曲面. 由定义可知 ϕ 是直纹面但不是可展曲面. 由于

$$\phi(0,0)=\phi(2\pi,0),\quad \nu(0,0)=-\nu(2\pi,0)=(1,0,0)^{\mathrm{T}},$$

当沿圆周 $a(u^1)$ 走一周回到起点时, 法向量 ν 从 $(1,0,0)^{\mathrm{T}}$ 连续地变为 $(-1,0,0)^{\mathrm{T}}$. 映射 ϕ 的像 $\phi(\mathbb{R}^2)\subseteq\mathbb{R}^3$ 被称为 **Möbius 带**.

6.3.3 没有脐点的可展曲面

在没有脐点的情形, 可展曲面的定义中的“直纹面”条件是多余的. 这是曲率线参数和标架运动方程的直接应用.

命题 6.1 设正则参数化曲面 $\phi: D \to \mathbb{R}^3$ 的 Gauss 曲率 $K \equiv 0$, 并且 ϕ 没有脐点, 则 ϕ 在局部上与可展曲面至多相差一个参数变换.

证明 根据 5.5.2 小节, 我们知道: 至多作参数变换, 可设 $u \in D$ 是 ϕ 的曲率线参数, 即 $g_{12} = h_{12} = 0$. 由于 $K = k_1 k_2 = 0$ 并且 ϕ 没有脐点, 所以由标架运动方程可不妨设

$$\nu_1 \equiv 0, \tag{6.5}$$

$$\nu_2 \neq 0 \text{ 平行于 } \phi_2. \tag{6.6}$$

由 (6.5) 和 (6.6) 可得

$$\phi_{11} \cdot \nu = -\phi_1 \cdot \nu_1 \overset{(6.5)}{=\!=} 0 \tag{6.7}$$

和

$$\phi_{11} \cdot \phi_2 \overset{(6.6)}{=\!=} \lambda \phi_{11} \cdot \nu_2 \overset{h_{12}=0}{=\!=\!=\!=} -\lambda \phi_1 \cdot \nu_{12} \overset{(6.5)}{=\!=} 0. \tag{6.8}$$

于是

$$\partial_{u^2} g_{11} = \partial_{u^2}(\phi_1 \cdot \phi_1) = 2\phi_{12} \cdot \phi_1 = -2\phi_2 \cdot \phi_{11} \overset{(6.8)}{=\!=} 0.$$

因此, 至多作参数变换

$$\bar{u}^1 = \int \sqrt{g_{11}(u^1)} du^1, \quad \bar{u}^2 = u^2,$$

可不妨设 $g_{11} = 1$. 从而,

$$0 = \partial_{u^1} g_{11} = \partial_{u^1}(\phi_1 \cdot \phi_1) = 2\phi_{11} \cdot \phi_1. \tag{6.9}$$

综合 (6.7)~(6.9) 可知

$$\phi_{11} = 0,$$

即 ϕ 是直纹面, 再根据定义可知 ϕ 是可展曲面. #

注 1 如果 ϕ 有脐点, 上述结论不成立, 反例的构造可见 [11] 中的 3.25 小节.

注 2 旋转曲面和直纹面都是具有对称性的曲面 (对曲面上任何一点, 前者含有过该点的圆弧, 后者含有过该点的直线段), 通常可被用来构造满足特殊曲率条件的曲面.

6.4 全脐点曲面

利用两阶混合偏导数的交换性, 我们可以确定全脐点曲面的形状如下.

命题 6.2 设 $\phi : D \to \mathbb{R}^2$ 是全脐点的正则参数化曲面, 即 $k_1 \equiv k_2$ 在 D 上成立, 则 $\phi(D)$ 是平面或球面的开子集.

证明 由定义可知 Weingarten 变换 $W_u = H(u)\mathrm{Id} : T_u\phi \to T_u\phi, u \in D$. 再由 (5.18) 可知: $\nu_i = -H\phi_i, i = 1, 2$. 于是,

$$-H_j\phi_i - H\phi_{ij} = \nu_{ij} = -H_i\phi_j - H\phi_{ij},$$

其中 $H_i := \partial_{u^i}H, 1 \leqslant i, j \leqslant 2$. 从而,

$$H_1\phi_2 = H_2\phi_1.$$

由于 ϕ_1 与 ϕ_2 线性无关, $H_1 = H_2 = 0$, 即 H 是 D 上的常数函数. 代回 $\nu_i = -H\phi_i(i = 1, 2)$ 可得 $\nu + H\phi =$ 常向量 a.

若 $H = 0$, 则 $\nu \equiv a$, 即 $\phi(D)$ 是以 a 为法向量的平面的开子集.

若 $H \neq 0$, 则 $\left|\phi - \dfrac{a}{H}\right| = \left|-\dfrac{\nu}{H}\right| \equiv \dfrac{1}{|H|}$, 即 $\phi(D)$ 是以 $\dfrac{a}{H}$ 为球心, 以 $\dfrac{1}{|H|}$ 为半径的球面的开子集. #

6.5 常 Gauss 曲率曲面的例子

直接计算可知平面的 Gauss 曲率 $K=0$.

半径为 $r>0$ 的球面的 Gauss 曲率 $K=\frac{1}{r^2}$:

不妨设球心在原点, 则

$$\phi=\pm r\nu \Rightarrow \phi_i=\pm r\nu_i, \quad i=1,2.$$

由 (5.18) 可知 Weingarten 变换 $W=\pm\frac{1}{r}\mathrm{Id}$, 从而 $K=\frac{1}{r^2}$.

Gauss 曲率 $=-\frac{1}{r^2}(r>0)$ 的旋转曲面:

在 6.2 节中取 F,G 满足 $(F')^2+(G')^2=1$, 则

$$K=-\frac{F''}{F}.$$

解 $F''=\frac{F}{r^2}$ 可得

$$F(u^1)=\lambda e^{\frac{u^1}{r}}+\mu e^{-\frac{u^1}{r}}, \quad \lambda,\mu\in\mathbb{R} \text{ 是常数}.$$

取 $F(u^1)=e^{-\frac{u^1}{r}}$,则可取 $G(u^1)=\int\sqrt{1-\frac{1}{r^2}e^{-\frac{2u^1}{r}}}du^1$. 这样的旋转曲面被称为**伪球面**(图 6.2).

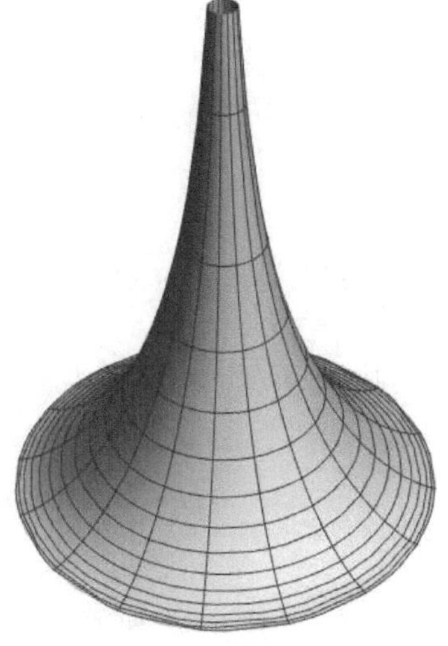

图 6.2 伪球面

6.6　极 小 曲 面

6.6.1　平均曲率与面积泛函

$\phi: D \to \mathbb{R}^3$ 是正则参数化的曲面. 至多以 D 中有界开子集代替 D, 以下设 $D \subseteq \mathbb{R}^2$ 是有界开区域且 $\phi \in C^\infty(\bar{D})$, 其中 $\bar{D}$ 是 D 的闭包.

定义 ϕ 中的**面积**

$$A = \int_D |\phi_1 \times \phi_2| du^1 \wedge du^2 = \int_D \sqrt{\det g}\, du^1 \wedge du^2,$$

其中第二个等号用了 Lagrange 恒等式.

对任意 $h \in C^\infty(\bar{D})$, 考虑 ϕ 的如下法向量形变

$$\phi^\lambda(u) := \phi(u) + \lambda h(u)\nu(u), \quad u \in D, \quad \lambda \in \mathbb{R}.$$

由定义可知, 存在 $\varepsilon > 0$, 使得当 $|\lambda| < \varepsilon$ 时,

$$\phi^\lambda : D \to \mathbb{R}^3 \text{ 是正则参数化的曲面},$$

并且

$$g_{ij}^\lambda := \phi_i^\lambda \cdot \phi_j^\lambda = g_{ij} - 2\lambda h \cdot h_{ij} + o(\lambda), \quad 1 \leqslant i, j \leqslant 2.$$

从而

$$A(\phi^\lambda) = \int_D \sqrt{1 - 4\lambda h \cdot H + o(\lambda)} \cdot \sqrt{\det g}\, du^1 \wedge du^2,$$

其中 H 是 ϕ 的平均曲率. 由此可知

$$\frac{d}{d\lambda}\Big|_{\lambda=0} A(\phi^\lambda) = -2\int_D hH \cdot \sqrt{\det g}\, du^1 \wedge du^2. \tag{6.10}$$

我们称满足平均曲率 $H = 0$ 的正则参数化曲面为**极小曲面**. 由 (6.10) 可知: 极小曲面是面积泛函的临界点.

6.6.2 悬链面

在 6.2 节中取 $G(u^1) = u^1$, 则

$$\phi(u) = [F(u^1)\cos u^2, F(u^1)\sin u^2, G(u^1)]^{\mathrm{T}}, \quad x \in I \times \mathbb{R} \to \mathbb{R}^3$$

是极小曲面当且仅当

$$FF'' = (F')^2 + 1.$$

上述方程等价于

$$\frac{F'}{F} = \frac{F'F''}{1+(F')^2}.$$

从而, $F = c\sqrt{1+(F')^2}$, $c > 0$ 是常数, 即 $F' = \pm\sqrt{\left(\frac{F}{c}\right)^2 - 1}$, 由此可得

$$F(u^1) = c \cdot \cosh\left(\frac{u^1}{c} + b\right), \quad u^1 \in \mathbb{R},$$

其中 $c > 0, b$ 都是常数.

我们把上述具有旋转对称性的极小曲面称为**悬链面**(图 6.3).

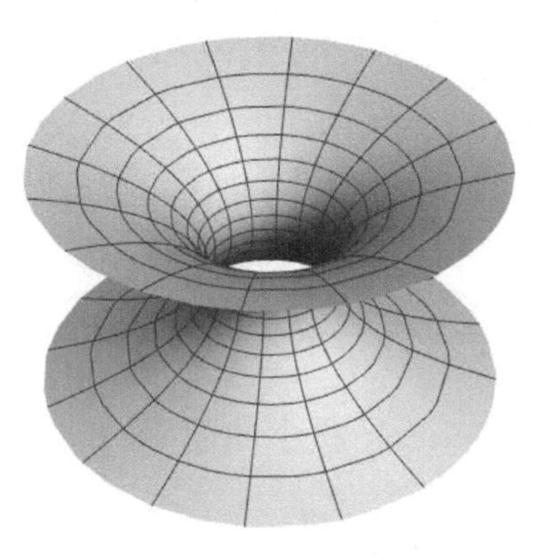

图 6.3 悬链面

6.6.3　极小图

若 $\phi: D \to \mathbb{R}^3$ 是 $f \in C^\infty(D)$ 的图 (6.1 节中的情形), 由 (6.1)~(6.3) 可知 ϕ 是极小的当且仅当

$$\begin{cases} \partial_1\left(\dfrac{1+f_2^2}{\sqrt{1+f_1^2+f_2^2}}\right) = \partial_2\left(\dfrac{f_1f_2}{\sqrt{1+f_1^2+f_2^2}}\right), \\ \partial_1\left(\dfrac{f_1f_2}{\sqrt{1+f_1^2+f_2^2}}\right) = \partial_2\left(\dfrac{1+f_1^2}{\sqrt{1+f_1^2+f_2^2}}\right). \end{cases} \tag{6.11}$$

我们将在第 10 章中利用以上两式构造极小图的 Levy 变换.

接下来, 我们给出一个具体的极小图的例子. 为了避免求解偏微分方程, 我们假定 f 具有变量分离形式, 即

$$f(u) = F(u^1) - F(u^2), \quad u \in I \times I,$$

其中 $I \subseteq \mathbb{R}$ 是一个开区间, $F \in C^\infty(I)$. 由 (6.1) 式可得

$$2H = \frac{F''(u^1)[1+(F'(u^2))^2] - F''(u^2)[1+(F'(u^1))^2]}{[1+(F'(u^1))^2+(F'(u^2))^2]^{\frac{3}{2}}},$$

其中 F', F'' 是 F 的导数. 特别地, 如果 $F \in C^\infty(I)$ 满足

$$F'' = 1 + (F')^2, \tag{6.12}$$

则 $f(u) = F(u^1) - F(u^2)$ 的图是极小曲面. 取方程 (6.12) 的一个非平凡解

$$F(t) = -\log\cos t, \quad t \in \left(-\frac{\pi}{2}, \frac{\pi}{2}\right),$$

即得如下极小曲面——**Scherk 极小曲面**(图 6.4)

$$\phi(u) = \left(u^1, u^2, \log\frac{\cos u^2}{\cos u^1}\right)^{\mathrm{T}}, \quad u \in \left(-\frac{\pi}{2}, \frac{\pi}{2}\right) \times \left(-\frac{\pi}{2}, \frac{\pi}{2}\right).$$

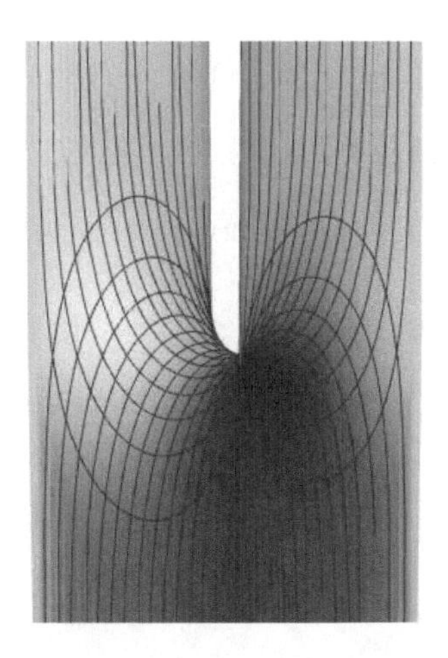

图 6.4 Scherk 极小曲面

我们将在第 10 章中给出更多极小曲面的例子.

6.7 管 状 曲 面

设 $\gamma: I \to \mathbb{R}^3$ 是曲率处处非零的弧长参数化的曲线, 我们记 γ 的 Frenet 标架为 $[T, N, B]$, 并记 γ 的曲率和挠率分别为 κ, τ. 设 ε 是一个正常数满足

$$\sup_I \kappa < \frac{1}{\varepsilon},$$

则

$$\phi(u^1, u^2) := \gamma(u^2) + \varepsilon\left(\cos u^1 N(u^2) + \sin u^1 B(u^2)\right)$$

定义了一个正则参数化的曲面 $\phi: I \times \mathbb{R} \to \mathbb{R}^3$, 我们称这样的曲面为 γ 的管状曲面, 图 6.5 是螺旋线的管状曲面. 直接计算可得

$$\begin{aligned}
\phi_1(u) &= \varepsilon\left(-\sin u^1 N(u^2) + \cos u^1 B(u^2)\right),\\
\phi_2(u) &= \left(1 - \varepsilon\kappa(u^2)\cos u^1\right) T(u^2) - \varepsilon\tau(u^2)\sin u^1 N(u^2)\\
&\quad + \varepsilon\tau(u^2)\cos u^1 B(u^2),\\
\phi_{11}(u) &= -\varepsilon\left(\cos u^1 N(u^2) + \sin u^1 B(u^2)\right),
\end{aligned}$$

$$
\begin{aligned}
\phi_{12}(u) = \phi_{21}(u) &= \varepsilon\kappa(u^2)\sin u^1 T(u^2) - \varepsilon\tau(u^2)\cos u^1 N(u^2) \\
&\quad - \varepsilon\tau(u^2)\sin u^1 B(u^2), \\
\phi_{22}(u) &= \left(1 - \varepsilon\kappa'(u^2)\cos u^1 + \varepsilon\kappa(u^2)\tau(u^2)\sin u^1\right) T(u^2) \\
&\quad + \left(\kappa(u^2) - \varepsilon\kappa^2(u^2)\cos u^1 - \varepsilon\tau'(u^2)\sin u^1 - \varepsilon\tau^2(u^2)\cos u^1\right) N(u^2) \\
&\quad + \varepsilon\left(\tau'(u^2)\cos u^1 - \tau^2(u^2)\sin u^1\right) B(u^2),
\end{aligned}
$$

其中, 我们用 $'$ 记关于 u^2 的导数. 将以上等式代入定义可知

$$
\begin{aligned}
&\nu(u) = \cos u^1 N(u^2) + \sin u^1 B(u^2), \\
&g_{11}(u) = \left(1 - \varepsilon\kappa(u^2)\cos u^1\right)^2 + \varepsilon^2\tau^2(u^2), \\
&g_{12}(u) = g_{21}(u) = \varepsilon^2\tau(u^2), \quad g_{22} = \varepsilon^2, \\
&h_{11}(u) = \varepsilon, \quad h_{12}(u) = h_{21}(u) = \varepsilon\tau(u^2), \\
&h_{22}(u) = \varepsilon\tau^2(u^2) + \varepsilon\kappa^2(u^2)\cos^2 u^1 - \kappa(u^2)\cos u^1, \\
&K(u) = \frac{\kappa(u^2)\cos u^1}{\varepsilon\left(\varepsilon\kappa(u^2)\cos u^1 - 1\right)}, \quad H(u) = \frac{1 - 2\varepsilon\kappa(u^2)\cos u^1}{2\varepsilon\left(\varepsilon\kappa(u^2)\cos u^1 - 1\right)}.
\end{aligned}
$$

特别地, 由 2.1 节的注可知: 当 $\gamma : I \to \mathbb{R}^3$ 是平面曲线时, u 是 $\phi : I \times \mathbb{R} \to \mathbb{R}^3$ 的曲率线参数. 此外, 从图形上容易发现: 当 γ 是平面简单闭曲线时, $\phi(I \times \mathbb{R}) \subseteq \mathbb{R}^3$ 同胚于环面.

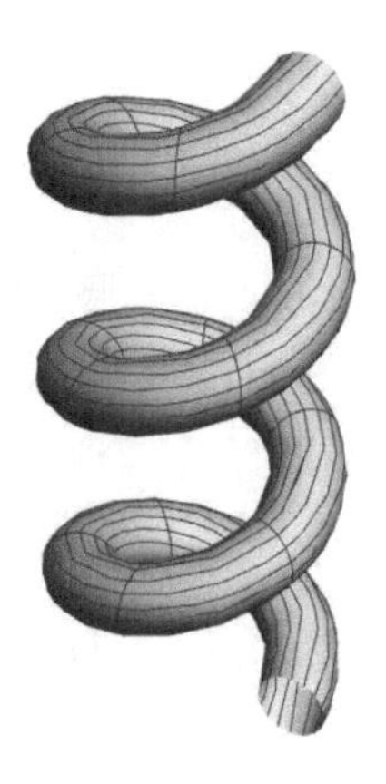

图 6.5 螺旋线的管状曲面

第 7 章　曲面上的曲线

设 $\phi: D \to \mathbb{R}^3$ 是正则参数化的曲面, $c: I \to \mathbb{R}^2$ 是正则参数化的曲线且 $c(I) \subseteq D$, 其中 $D \subseteq \mathbb{R}^2$ 是一个开区域, $I \subseteq \mathbb{R}$ 是一个开区间. 以下记

$$\gamma := \phi \circ c, \quad n := \nu \circ c : I \to \mathbb{R}^3.$$

7.1　测地曲率和测地挠率

7.1.1　标架运动方程

设 $\gamma: I \to \mathbb{R}^3$ 是弧长参数化的曲线. 令 $T(s) = \dfrac{d\gamma}{ds}(s)$, 则有沿 γ 的标架场

$$[T(s), n \times T(s), n(s)] \in SO(3), \quad s \in I.$$

由 (5.17) 可得该标架的运动方程

$$\frac{d}{ds}[T, n \times T, n] = [T, n \times T, n] \begin{bmatrix} 0 & -\kappa_g & -\kappa_n \\ \kappa_g & 0 & -\tau_g \\ \kappa_n & \tau_g & 0 \end{bmatrix}, \tag{7.1}$$

其中

$$\kappa_n := \mathrm{II}_c(T, T), \quad \kappa_g := \left(n, T, \frac{dT}{ds}\right), \quad \tau_g := \left(T, n, \frac{dn}{ds}\right)$$

分别被称为 γ 的**法曲率**、**测地曲率**和**测地挠率**. 比较 (7.1) 两边第一列可知 γ 的 **曲率向量**$\dfrac{dT}{ds}$ 的切空间分量和法向分量分别为 $\kappa_g n \times T$ 和 $\kappa_n n$.

取 $s_0 \in I$, 记 $u_0 = c(s_0) \in D, e_1, e_2$ 为 ϕ 在 u_0 处的主方向且 $[e_1, e_2, n] \in SO(3)$. 任取常数 θ 使得

$$T(s_0) = \cos\theta\ e_1 + \sin\theta\ e_2,$$

则

$$\begin{aligned}\tau_g(s_0) &\xlongequal{(5.18)} -\big(T(s_0), n(s_0), W_{u_0}T(s_0)\big) \\ &= -\big(\cos\theta\ e_1 + \sin\theta e_2, n(s_0), \kappa_1(u_0)\cos\theta\ e_1 + \kappa_2(u_0)\sin\theta\ e_2\big) \\ &= (\kappa_2 - \kappa_1)(u_0)\cos\theta\sin\theta.\end{aligned}$$

特别地, 当 u_0 是 ϕ 的脐点时 $\tau_g(s_0) = 0$.

我们称满足$\tau_g \equiv 0$ 的曲线 γ 为 ϕ 的**曲率线**. 曲率线有如下等价刻画. $\tau_g \equiv 0 \overset{(7.1)}{\Longleftrightarrow} \dfrac{dn}{ds}$ 平行于 $T \overset{(5.18)}{\Longleftrightarrow}$ 对任何 $s \in [0, L], T(s)$ 是 ϕ 的主方向. 由 τ_g 的定义和 6.3.1 小节, 可知: γ 为 ϕ 的曲率线当且仅当映射 $(s, t) \mapsto \gamma(s) + tn(s)$ 定义了一个可展曲面.

接下来, 我们讨论测地曲率与弧长变分之间的关系. 设 $I = [0, L]$, $C : [0, L] \times (-\varepsilon, \varepsilon) \to D$ 是光滑映射, 并设 C 满足

$$C(\cdot, 0) \equiv c, \qquad C(0, \cdot) \equiv c(0), \qquad C(L, \cdot) \equiv c(L).$$

记 $\gamma_\lambda = \phi \circ C(\cdot, \lambda) : [0, L] \to \mathbb{R}^3(-\varepsilon < \lambda < \varepsilon)$, 则

$$\gamma_0 \equiv \gamma, \qquad \gamma_\lambda(0) = \gamma(0), \qquad \gamma_\lambda(L) = \gamma(L), \qquad \lambda \in (-\varepsilon, \varepsilon). \tag{7.2}$$

令

$$L(\lambda) = \int_0^L \left|\frac{d\gamma_\lambda}{ds}(s)\right| ds, \quad -\varepsilon < \lambda < \varepsilon.$$

取 $F, G \in C^\infty[0, L]$ 使得

$$\partial_\lambda|_{\lambda=0}\gamma_\lambda = FT + GT \times n$$

在 $[0,L]$ 上成立. 由 (7.2) 可知

$$F(0)=F(L)=0. \tag{7.3}$$

于是

$$\begin{aligned}
\left.\frac{d}{d\lambda}\right|_{\lambda_0=0} L(\lambda) &= \int_0^L \frac{\partial_s\phi\circ C\cdot\partial_\lambda\partial_s\phi\circ C}{\left|\frac{d\gamma_\lambda}{ds}\right|}(s,0)ds \\
&= \int_0^L T(s)\cdot\frac{d}{ds}(FT+GT\times n)ds \\
&= \int_0^L \left(\frac{dF}{ds}+G\kappa_g\right)ds \overset{(7.3)}{=\!=} \int_0^L G\kappa_g ds.
\end{aligned} \tag{7.4}$$

7.1.2 正则参数化曲线的测地曲率和测地挠率

类似于 1.3 节, 当 $t\in I$ 为正则参数时 (不必是 γ 的弧长参数), 可定义 γ 的测地曲率 κ_g 和测地挠率 τ_g 如下:

$$\begin{cases}
\kappa_g(t) = \left(n, \dfrac{d\gamma}{dt}, \dfrac{d^2\gamma}{dt^2}\right) \bigg/ \left|\dfrac{d\gamma}{dt}\right|^3, \\
\tau_g(t) = \left(\dfrac{d\gamma}{dt}, n, \dfrac{dn}{dt}\right) \bigg/ \left|\dfrac{d\gamma}{dt}\right|^2, \quad t\in I.
\end{cases} \tag{7.5}$$

由定义可知 (7.5) 的右边不依赖于保定向的参数的选取, 且当 $t\in I$ 是 γ 的弧长参数时 (7.5) 式定义的测地曲率和测地挠率与 7.1.1 小节中的定义一致.

练习 7.1 设 $\gamma: I\to\mathbb{R}^3$ 是弧长参数化的曲线, γ 的曲率 $\kappa\neq 0$, 证明: $N: I\to\mathbb{R}^3$ 是正则曲线, 并且 N 作为单位球面 S^2 中的曲线有测地曲率

$$\kappa_g = \pm\begin{vmatrix} \kappa & \tau \\ \dfrac{d\kappa}{ds} & \dfrac{d\tau}{ds}\end{vmatrix} \bigg/ (\kappa^2+\tau^2)^{\frac{3}{2}},$$

其中右边的正负号由 S^2 的定向确定, τ 是 γ 的挠率.

练习 7.2 利用 (5.18) 证明:

$$\tau_g(t)=\frac{1}{\sqrt{\det g}\left|\dfrac{d\gamma}{dt}\right|^2}\begin{vmatrix}\left(\dfrac{du^2}{dt}\right)^2 & -\dfrac{du^1}{dt}\dfrac{du^2}{dt} & \left(\dfrac{du^1}{dt}\right)^2\\ g_{11} & g_{12} & g_{22}\\ h_{11} & h_{12} & h_{22}\end{vmatrix}.$$

7.1.3 测地曲率、测地挠率与曲率、挠率的关系

设 $\gamma: I\to\mathbb{R}^3$ 是弧长参数化的曲线, 曲率 κ 处处非零, 则有 Frenet 标架

$$[T(s),N(s),B(s)]\in SO(3),\quad s\in I.$$

由映射提升定理, 存在 $\theta\in C^\infty(I)$ 使得

$$\begin{cases}N=\cos\theta\ n\times T+\sin\theta\ n,\\ B=-\sin\theta\ n\times T+\cos\theta\ n.\end{cases}\tag{7.6}$$

将 (7.6) 两边求导数, 并将 (7.1) 和 (1.4) 代入求导所得等式可得

$$\begin{aligned}&-\kappa\,T-\tau\sin\theta\ n\times T+\tau\cos\theta\ n\\ =&-\kappa T+\tau B=\frac{dN}{ds}\\ =&-(\kappa_n\sin\theta+\kappa_g\cos\theta)T-\left(\tau_g+\frac{d\theta}{ds}\right)\sin\theta\ n\times T\\ &+\left(\tau_g+\frac{d\theta}{ds}\right)\cos\theta\ n,\\ &-\tau\cos\theta\ n\times T-\tau\sin\theta\ n\\ =&-\tau N=\frac{dB}{ds}\\ =&(\kappa_g\sin\theta-\kappa_n\cos\theta)T-\left(\frac{d\theta}{ds}+\tau_g\right)\cos\theta\ n\times T-\left(\tau_g+\frac{d\theta}{ds}\right)\sin\theta\ n.\end{aligned}$$

从而

$$\kappa_n = \kappa \sin\theta, \quad \kappa_g = \kappa\cos\theta, \quad \tau_g = \tau - \frac{d\theta}{ds}. \tag{7.7}$$

注 (7.7) 中的前两式可直接由曲率向量的正交分解得到.

练习 7.3 若 $\phi(D) \subseteq S^2(\mathbb{R}^3$ 中球心在原点的单位球面), 取 $n=\gamma$, 证明:

$$\kappa_n = -1, \quad \kappa_g^2 = \kappa^2 - 1, \quad \tau_g = 0, \quad \frac{d\kappa_g}{ds} = \kappa^2\tau.$$

7.2 协变导数与平行移动

7.2.1 协变导数

定义 7.1 若光滑映射 $X: I \to \mathbb{R}^3$ 满足: $X(t) \in T_{c(t)}\phi$ 对任何 $t \in I$ 成立, 则称 X 是 ϕ **沿 γ 的切向量场**.

对任何 $X \in \mathfrak{X}(\phi), X\circ c$ 是沿 γ 的切向量场. 此外, $X := \dfrac{d\gamma}{dt}$ 也是沿 γ 的切向量场.

定义 7.2 对任何沿 γ 的切向量场 X, X 沿 γ 的**协变导数** $\nabla_{\frac{d\gamma}{dt}}X$ 是如下沿 γ 的切向量场

$$\nabla_{\frac{d\gamma}{dt}}X(t) := \frac{dX}{dt} \text{ 在 } T_{c(t)}\phi \text{ 中的正交投影}, \quad t \in I.$$

若 γ 是弧长参数化的, 由 (7.1) 可知

$$\nabla_{\frac{d\gamma}{ds}}\frac{d\gamma}{ds} = \kappa_g n \times T.$$

任何沿 γ 的切向量场 X 均可表示为

$$X(t) = \sum_{i=1}^{2} X^i(t)\phi_i \circ c, \quad t \in I,$$

其中 $X^1, X^2 \in C^\infty(I)$. 从而,

$$\frac{dX}{dt} = \sum_{i=1}^{2}\left(\frac{dX^i}{dt}\phi_i\circ c(t) + X^i(t)\sum_{j=1}^{2}\frac{du^j}{dt}\phi_{ij}\circ c(t)\right)$$

$$\overset{(5.1)}{=\!=}\sum_{k=1}^{2}\left(\frac{dX^k}{dt}+\sum_{i,j=1}^{2}\Gamma_{ij}^{k}X^i\frac{du^j}{dt}\right)\phi_k\circ c(t)+\sum_{i,j=1}^{2}h_{ij}X^i\frac{du^j}{dt}n.$$

再由定义可得

$$\nabla_{\frac{d\gamma}{dt}}X=\sum_{k=1}^{2}\left(\frac{dX^k}{dt}+\sum_{i,j=1}^{2}\Gamma_{ij}^{k}X^i\frac{du^j}{dt}\right)\phi_k\circ c(t). \tag{7.8}$$

由 (7.8) 可知 $\nabla_{\frac{d\gamma}{dt}}X$ 仅和 γ 的切向量有关, 因此可对 $X\in\mathfrak{X}(\phi)$ 和 $Y=Y^1\phi_1(u)+Y^2\phi_2(u)\in T_u\phi$ 定义

$$\nabla_Y X=\sum_{j,k=1}^{2}\left(\partial_j X^k+\sum_{i=1}^{2}\Gamma_{ij}^{k}X^i\right)Y^j\phi_k(u)\in T_u\phi, \tag{7.8$'$}$$

其中 $\partial_j:=\partial_{u^j}, j=1,2$. 由定义可知对任何满足 $c(0)=u, \dfrac{dc}{dt}(0)=(Y^1,Y^2)$ 的光滑映射 $c:(-\varepsilon,\varepsilon)\to D$, 有

$$\nabla_Y X=\nabla_{\frac{d\gamma}{dt}}X(0).$$

7.2.2 协变导数的基本性质

类似于函数的导数, 由定义可知协变导数是线性运算并满足 Leibniz 公式, 即对任何沿 γ 的切向量场 X,Y, $f\in C^\infty(I)$, 有如下等式成立:

(i) $\nabla_{\frac{d\gamma}{dt}}(X+Y)=\nabla_{\frac{d\gamma}{dt}}X+\nabla_{\frac{d\gamma}{dt}}Y$;

(ii) $\nabla_{\frac{d\gamma}{dt}}(fX)=\dfrac{df}{dt}X+f\nabla_{\frac{d\gamma}{dt}}X$;

(iii) $\dfrac{d}{dt}(X\cdot Y)=\nabla_{\frac{d\gamma}{dt}}X\cdot Y+X\cdot\nabla_{\frac{d\gamma}{dt}}Y$.

7.2.3 测地线

若 $\nabla_{\frac{d\gamma}{dt}}\dfrac{d\gamma}{dt}\equiv 0$, 则称 γ 是一条**测地线**. 由 (7.4) 可知: 测地线是弧长泛函的临界点.

命题 7.1 γ 是测地线当且仅当 $\kappa_g \equiv 0$ 且 $\left|\frac{d\gamma}{dt}\right|$ 为 I 上常数函数.

证明 设 γ 是测地线, 由 (7.5) 可知 $\kappa_g \equiv 0$. 由 7.2.2 小节中 (iii) 可知 $\frac{d}{dt}\left|\frac{d\gamma}{dt}\right|^2 \equiv 0$. 反过来, 设 $\kappa_g \equiv 0$且 $\left|\frac{d\gamma}{dt}\right|$ 为常数. 记 $a = \left|\frac{d\gamma}{dt}\right|$, 则 $\nabla_{\frac{d\gamma}{dt}}\frac{d\gamma}{dt} = a^2\kappa_g n \times T = 0$. #

练习 7.4 在 6.2 节的旋转曲面中设 $\left|\frac{dF}{du^1}\right|^2 + \left|\frac{dG}{du^1}\right|^2 \equiv 1$, 证明:

(1) 该曲面上的测地线方程为

$$\frac{d^2u^1}{dt^2} = F\frac{dF}{du^1}\left(\frac{du^2}{dt}\right)^2, \quad \frac{d}{dt}\left(F^2\frac{du^2}{dt}\right)^2 = 0.$$

(2) 对任何 $a \in I$, 由 $u^1 \equiv a$ 确定的曲线是测地线 $\Leftrightarrow \frac{dF}{du^1}(a) = 0$.

(3) 设 $\gamma(t) = \phi(u^1(t), u^2(t))$ 是该曲面上弧长参数化曲线 $(t \in [0, L])$, 则

(a) 存在 $\theta \in C^\infty[0, L]$ 使得 $\frac{du^1}{dt} = \cos\theta, \frac{du^2}{dt} = \frac{\sin\theta}{F(u^1(t))}$.

(b) $\gamma(t)$ 是测地线 $\Rightarrow F(u^1(t))\sin\theta(t) =$ 常数.

(c) $F(u^1(t))\sin\theta(t) =$ 常数且 $\frac{du^1}{dt}$ 处处非零 $\Rightarrow \gamma(t)$ 是测地线.

练习 7.5 证明: 在 6.7 节的管状曲面中任意固定参数 u^2 得到的圆周都是管状曲面的测地线.

7.2.4 平行移动

设 $I = [0, 1]$, 任取 $X_0 \in T_{c(0)}\phi$, 由 (7.8) 和线性常微分方程组解的存在唯一性可知, 存在唯一沿 γ 的切向量场 X 使得

$$\nabla_{\frac{d\gamma}{dt}}X \equiv 0, \quad X(0) = X_0,$$

定义 $P_\gamma : T_{c(0)}\phi \to T_{c(1)}\phi$ 为

$$P_\gamma(X_0) := X(1),$$

我们称 P_γ 为沿 γ 的**平行移动**. 由 7.2.2 小节可知 $P_\gamma: T_{c(0)}\phi \to T_{c(1)}\phi$ 是线性等距同构. 特别地, 若 $\gamma(0)=\gamma(1)$, 则 P_γ 是 $T_{c(0)}\phi$ 上的正交变换.

定理 7.1 设 $c:[0,1]\to D$ 是正则参数化的简单闭曲线, $c([0,1])$ 在 $\mathbb{R}^2$ 中围成的有界开集 $\Omega\subseteq D$ 并且 c 关于 Ω 是正定向的, 则

$$P_\gamma = T_{c(0)}\phi \text{ 上正向旋转角度 } \int_\Omega K dA,$$

其中 K 是 ϕ 的 Gauss 曲率.

证明 取一个具有单位长度的 $\xi\in\mathfrak{X}(\phi)$, 记 $\eta=\nu\times\xi$. 取沿 γ 的切向量场 $X\neq 0$ 使得 $\nabla_{\frac{d\gamma}{dt}}X\equiv 0$, 由于 $|X|$ 为常数, 不妨设 $|X|=1$.

由映射提升定理, 存在 $\theta\in C^\infty[0,1]$ 使得

$$X(t)=\cos\theta(t)\ \xi\circ c(t)+\sin\theta(t)\ \eta\circ c(t),\quad t\in[0,1].$$

再由 7.2.2 小节中 (ii) 可得

$$0=\nabla_{\frac{d\gamma}{dt}}X=\frac{d\theta}{dt}(-\sin\theta\ \xi\circ c+\cos\theta\ \eta\circ c)+\cos\theta\ \nabla_{\frac{d\gamma}{dt}}\xi\circ c+\sin\theta\ \nabla_{\frac{d\gamma}{dt}}\eta\circ c.$$

于是

$$\begin{aligned}\frac{d\theta}{dt}&=-(-\sin\theta\ \xi\circ c+\cos\theta\ \eta\circ c)\cdot(\cos\theta\ \nabla_{\frac{d\gamma}{dt}}\xi\circ c+\sin\theta\ \nabla_{\frac{d\gamma}{dt}}\eta\circ c)\\&\overset{\text{7.2.2小节中 (iii)}}{=\!=\!=}-\eta\circ c\cdot\nabla_{\frac{d\gamma}{dt}}\xi\circ c\\&\overset{\text{定义 7.2}}{=\!=\!=}-\eta\circ c\cdot\frac{d\xi\circ c}{dt}\\&=\left(\xi\circ c,\nu\circ c,\frac{d\xi\circ c}{dt}\right).\end{aligned}$$

记 $\alpha_\xi=\sum_{i=1}^2(\xi,\nu,\xi_i)du^i$, 其中 $\xi_i=\partial_{u^i}\xi(i=1,2)$, 则

$$\theta(1)-\theta(0)=\int_{\partial\Omega}\alpha_\xi=\int_\Omega d\alpha_\xi\overset{(5.24)}{=\!=\!=}\int_\Omega KdA.$$

在 $T_{c(0)}\phi$ 中, $\xi\circ c(0)$ 到 $X(0),X(1)$ 的角度分别为 $\theta(0),\theta(1)$, 所以 $X(0)$ 正向旋转角度 $\theta(1)-\theta(0)$ 得到 $X(1)$. #

7.3 局部 Gauss-Bonnet 公式

我们在第 4 章中对平面上的曲线证明了 Hopf 旋转数定理, 把这个结论推广到曲面情形就得到如下 Gauss-Bonnet 公式 (局部).

设 $c:[0,L]\to D$ 是分段正则的简单闭曲线 (见第 4 章), $c([0,L])$ 在 $\mathbb{R}^2$ 中围成有界开区域 $\Omega\subseteq D$, 并且 c 关于 Ω 是正定向的, $\gamma:=\phi\circ c$ 是弧长参数化的. 进一步设 $\dfrac{d\gamma}{ds}(s_j-0)$ 与 $\dfrac{d\gamma}{ds}(s_j+0)$ 的夹角为 $\theta_j\in(-\pi,\pi)$. 其中, 我们规定 θ_j 的符号与混合积 $\left(\dfrac{d\gamma}{ds}(s_j-0),\dfrac{d\gamma}{ds}(s_j+0),n(s_j)\right)$ 的符号一致, 并称 θ_j 为顶点 $\gamma(s_j)$ 处的外角($0=s_0<s_1<\cdots<s_{k+1}=L$).

定理 7.2 在上述条件下, 我们有等式

$$\int_\Omega KdA+\int_0^L\kappa_g ds+\sum_{j=1}^k\theta_j=2\pi, \tag{7.9}$$

其中 K 是 ϕ 的 Gauss 曲率, κ_g 是 $\gamma=\phi\circ c$ 的测地曲率, $\{\theta_j\}_{j=1}^k$ 是 γ 的全体外角.

证明 取

$$\xi=\frac{\phi_1}{\sqrt{g_{11}}}\in\mathfrak{X}(\phi),\quad \eta=\nu\times\xi\in\mathfrak{X}(\phi).$$

由映射提升定理可知, 存在 $\theta\in C^\infty([0,L]\setminus\{s_j\}_{j=1}^k)$ 使得

$$T=\cos\theta\ \xi\circ c+\sin\theta\ \eta\circ c\ \text{在}[0,L]\setminus\{s_j\}_{j=1}^k\text{上成立}.$$

从而,

$$\frac{dT}{ds}=\frac{d\theta}{ds}(-\sin\theta\ \xi\circ c+\cos\theta\ \eta\circ c)+\cos\theta\frac{d\xi\circ c}{ds}+\sin\theta\frac{d\eta\circ c}{ds},$$

$$\begin{aligned}\kappa_g &= (n \times T)\cdot \frac{dT}{ds}\\ &= (\cos\theta\ \eta\circ c - \sin\theta\ \xi\circ c)\cdot\frac{dT}{ds}\\ &= \frac{d\theta}{ds} + \eta\circ c\cdot\frac{d\xi\circ c}{ds}\\ &= \frac{d\theta}{ds} - \left(\xi\circ c, \nu\circ c, \frac{d\xi\circ c}{ds}\right).\end{aligned}\tag{7.10}$$

记 $\alpha_\xi := \sum_{i=1}^2 (\xi,\nu,\xi_i)du^i$, $\xi_i := \partial_{u^i}\xi (i=1,2)$, 则

$$\int_0^L \kappa_g(s)ds = i_\gamma - \sum_{i=1}^k \theta_j - \int_{\partial\Omega}\alpha_\xi \overset{(5.24)}{=\!=\!=} i_\gamma - \sum_{i=1}^k \theta_j - \int_\Omega KdA,$$

其中 $i_\gamma := \sum_{j=0}^{k+1}(\theta(s_j-0)-\theta(s_{j-1}+0))+\sum_{j=1}^k\theta_j$. 由定义可知 $i_\gamma\in 2\pi\mathbb{Z}$, 接下来只要证明 $i_\gamma = 2\pi$.

对任何 $0\leqslant\lambda\leqslant 1$ 和 $u\in D$, 定义如下 2×2 正定阵

$$g^\lambda(u) = (1-\lambda)\mathrm{Id} + \lambda g(u).$$

记 $\cdot^\lambda$ 为 $T_u\phi$ 上的以 $g^\lambda(u)$ 为关于基 $\{\phi_1(u),\phi_2(u)\}$ 的度量矩阵的内积. 取 $\xi_\lambda = \dfrac{\phi_1}{\sqrt{g_{11}^\lambda}}\in\mathfrak{X}(\phi)$, η_λ 是 ξ_λ 在切空间按内积 $\cdot^\lambda$ 正向旋转 $\dfrac{\pi}{2}$ 得到的向量场 (对 $\{\phi_1,\phi_2\}$ 作关于 $\cdot^\lambda$ 的 Schmidt 正交化即 $\{\xi_\lambda,\eta_\lambda\}$), 再次由映射提升定理可得 $\varphi\in C^\infty([0,L]\setminus\{s_j\}_{j=1}^k\times[0,1])$ 使得

$$(\cos\varphi(s,\lambda),\sin\varphi(s,\lambda)) = \frac{(T\cdot^\lambda\xi_\lambda\circ c, T\cdot^\lambda\eta_\lambda\circ c)}{\sqrt{T\cdot^\lambda T}},$$

$(s,\lambda)\in[0,L]\setminus\{s_j\}_{j=1}^k\times[0,1]$. 类似地, γ 关于内积 $\cdot^\lambda$ 的外角 $\theta_j(\lambda)$ 是 $\lambda\in[0,L]$ 的连续函数, $1\leqslant j\leqslant k$. 因为 $i_\gamma\in 2\pi\mathbb{Z}$, 由对 λ 的连续依赖性和 Hopf 旋转数定理可得

$$i_\gamma = \sum_{j=0}^{k+1}(\varphi(s_j-0,0)-\varphi(s_{j-1}+0,0)) + \sum_{j=1}^k\theta_j(0) = 2\pi. \qquad \#$$

注 由上述证明中 (7.10) 和 (5.25) 可得测地曲率的如下公式:

$$\kappa_g = \frac{d\theta}{ds} + \frac{\sqrt{\det g}}{g_{11}} \sum_{i=1}^{2} \Gamma_{1i}^2 \frac{du^i}{ds}. \tag{7.11}$$

若 $g_{12}=0$, 则 $\xi = \dfrac{\phi_1}{\sqrt{g_{11}}}, \eta = \dfrac{\phi_2}{\sqrt{g_{22}}}$, 再由

$$\sum_{i=1}^{2} \frac{du^i}{ds} \phi_i \circ c = T = \cos\theta\ \frac{\phi_1}{\sqrt{g_{11}}} + \sin\theta\ \frac{\phi_2}{\sqrt{g_{22}}}$$

可知

$$\frac{du^1}{ds} = \frac{\cos\theta}{\sqrt{g_{11}}}, \qquad \frac{du^2}{ds} = \frac{\sin\theta}{\sqrt{g_{22}}}.$$

将上式和 (5.27) 代入 (7.11) 可得 Liouville 公式:

$$\kappa_g = \frac{d\theta}{ds} - \frac{\partial_2 g_{11}}{2g_{11}\sqrt{g_{22}}} \cos\theta + \frac{\partial_1 g_{22}}{2g_{22}\sqrt{g_{11}}} \sin\theta,$$

其中 $\partial_i := \partial_{u^i}, i = 1, 2$.

练习 7.6 证明: 沿 6.2 节中旋转曲面上的测地线, $F\sin\theta =$ 常数.

7.4 有孤立奇点的向量场

取定 $u_0 \in D$, 记 $D^* := D \setminus \{u_0\}, \phi^* := \phi|_{D^*}$. 以下设 $X \in \mathfrak{X}(\phi^*)$ 处处非零.

7.4.1 向量场在一点处的指标

任取 $c : [0,1] \to D$ 同 7.2.4 小节使得 $u_0 \in \Omega$. 由映射提升定理可知: 对任何处处具有单位长度的 $\xi \in \mathfrak{X}(\phi)$, 存在 $[0,1]$ 上分段光滑的连续函数 θ 满足

$$\frac{X}{|X|} \circ c = \cos\theta\xi \circ c + \sin\theta\nu \times \xi \circ c. \tag{7.12}$$

由 7.2.4 小节中同样的方法以及 Lagrange 恒等式可得

$$\frac{d\theta}{dt} = \left(\nu \circ c, \frac{X}{|X|} \circ c, \frac{d}{dt}\frac{X}{|X|} \circ c\right) + \left(\xi \circ c, \nu \circ c, \frac{d}{dt}\xi \circ c\right).$$

两边关于 $t \in [0,1]$ 积分, 由 Green 公式和 (5.24) 可知

$$\theta(1) - \theta(0) = \int_0^1 d\theta = -\int_{\partial\Omega} \alpha_{\frac{X}{|X|}} + \int_\Omega K dA, \tag{7.13}$$

其中 $\alpha_{\frac{X}{|X|}}$ 的定义见 5.7 节. 从而

$$\theta(1) - \theta(0) \text{ 与 } \xi \in \mathfrak{X}(\phi) \text{ 的选取无关.}$$

仍由 (5.24) 可知 $d\alpha_{\frac{X}{|X|}} = KdA$ 在 D^* 上成立, 因此 (7.13) 和 Green 公式还告诉我们

$$\theta(1) - \theta(0) \text{ 与上述曲线 } c : [0,1] \to D \text{ 的选取无关.}$$

定义 $X \in \mathfrak{X}(\phi^*)$ 的**指标**为 $\mathrm{Ind}X := \dfrac{\theta(1) - \theta(0)}{2\pi}$.

由于 $\mathrm{Ind}X$ 仅与 $\dfrac{X}{|X|}$ 有关, 因此

$$\mathrm{Ind}(\varphi X) = \mathrm{Ind}X \tag{7.14}$$

对任何处处非零的 $\varphi \in C^\infty(D^*)$ 成立.

因为 $\theta(1) - \theta(0)$ 不依赖于曲线 c 的选择, 对于 u_0 的任何开邻域 $D_1 \subseteq D$,

$$\mathrm{Ind}X = \mathrm{Ind}(X|_{D_1^*}), \tag{7.15}$$

其中右端是 $X|_{D_1^*} \in \mathfrak{X}(\phi|_{D_1^*})$ 的指标, $D_1^* = D_1 \setminus \{u_0\}$.

若 $X \in \mathfrak{X}(\phi)$ 处处 $\neq 0$, 则可取 $\xi = \dfrac{X}{|X|}$, 从而 $\mathrm{Ind}X = 0$.

设 $\widetilde{D} \subseteq \mathbb{R}^2$ 是开区域, $\sigma : \widetilde{D} \to D$ 是微分同胚, $\sigma(\widetilde{u}_0) = u_0$. 记 $\widetilde{\phi} = \phi \circ \sigma, \widetilde{\xi} = \xi \circ \sigma \in \mathfrak{X}(\widetilde{\phi}), \widetilde{X} = X \circ \sigma \in \mathfrak{X}(\widetilde{\phi}^*), \widetilde{\phi}^* = \widetilde{\phi}|_{\widetilde{D}\setminus\{\widetilde{u}_0\}}$. 对 $t \in [0,1]$ 定义

$$\widetilde{c}(t) = \begin{cases} \sigma^{-1} \circ c(t), & \det\sigma > 0, \\ \sigma^{-1} \circ c(1-t), & \det\sigma < 0, \end{cases} \quad \widetilde{\theta}(t) = \begin{cases} \theta(t), & \det\sigma > 0, \\ -\theta(1-t), & \det\sigma < 0, \end{cases}$$

则 $\widetilde{c}$ 关于 $\widetilde{c}([0,1])$ 所围成的有界区域 $\widetilde{\Omega}=\sigma^{-1}(\Omega)$ 是正向的, 且 (7.12) 可改写为 $\dfrac{\widetilde{X}}{|\widetilde{X}|}\circ\widetilde{c}=\cos\widetilde{\theta}\,\widetilde{\xi}\circ\widetilde{c}+\sin\widetilde{\theta}\,\nu_{\widetilde{\phi}}\times\widetilde{\xi}\circ\widetilde{c}$. 从而

$$\mathrm{Ind}(X)=\mathrm{Ind}(\widetilde{X}). \tag{7.16}$$

7.4.2 指标的积分公式

进一步, 设 $\phi: D\to\mathbb{R}^3$ 是**共形参数化**的曲面(即满足 $g_{11}=g_{22}$ 的正交参数化曲面, 我们将在 8.4 节中讨论共形参数化的存在性), 并记

$$X=X^1\phi_1+X^2\phi_2,\quad 其中 X^1,X^2\in C^\infty(D^*).$$

由于 $\nu\times X$ 是 X 在切平面中正向旋转 $\dfrac{\pi}{2}$ 得到的向量,

$$\nu\times X=-X^2\phi_1+X^1\phi_2.$$

从而在 D^* 上

$$\begin{aligned}\alpha_{\frac{X}{|X|}}&=\frac{1}{|X|^2}\sum_{i=1}^{2}(X,\nu,\partial_iX)du^i\\&=\frac{1}{|X|^2}(X^2\phi_1-X^1\phi_2)\cdot\sum_{i=1}^{2}\nabla_{\phi_i}X du^i.\end{aligned}$$

再由 (7.8)′ 和 (5.27) 可得

$$\begin{aligned}\alpha_{\frac{X}{|X|}}&=\frac{1}{|X|^2}(X^2\phi_1-X^1\phi_2)\cdot\sum_{i,k=1}^{2}\left(\partial_iX^k+\sum_{j=1}^{2}\Gamma_{ij}^kX^j\right)\phi_k du^i\\&=\frac{X^2dX^1-X^1dX^2}{(X^1)^2+(X^2)^2}+\frac{\partial_2g_{11}du^1-\partial_1g_{11}du^2}{2g_{11}}.\end{aligned}$$

将上式代入 (7.13) 并利用 (5.28) 即得指标 $\mathrm{Ind}X$ 的如下积分公式:

$$\mathrm{Ind}X=\frac{1}{2\pi}\int_{\partial\Omega}\frac{X^1dX^2-X^2dX^1}{(X^1)^2+(X^2)^2}. \tag{7.17}$$

设 F 是 D 上的亚纯函数并且除了 $z_0 := u_0^1 + \sqrt{-1}u_0^2$ 之外既没有零点也没有极点. 记

$$X_F = \mathrm{Re}F\phi_1 + \mathrm{Im}F\phi_2 \in \mathfrak{X}(\phi^*),$$

则

$$\frac{X^1 dX^2 - X^2 dX^1}{(X^1)^2 + (X^2)^2} = \mathrm{Re}\frac{dF}{\sqrt{-1}F}. \tag{7.18}$$

将 (7.18) 代入 (7.17), 由复分析中的留数公式可知

$$\mathrm{Ind}X_F = \mathrm{ord}_{z_0}F, \tag{7.19}$$

其中 $\mathrm{ord}_{z_0}F$ 是 F 在 z_0 的 Laurent 展开式中出现的最低次数.

第 8 章　两类特殊参数化

由于几何量都不依赖于参数化的选取, 因此找到合适的参数化对理解具体几何问题是有帮助的. 我们将在本章中引入两类和第一基本型密切相关的参数化. 首先, 我们任取一个正则参数化的曲面 $\phi: D \to \mathbb{R}^3$, 其中 $D \subseteq \mathbb{R}^2$ 是一个开区域.

8.1　测地线方程组

设 $c: I \to D$ 是正则参数化的曲线, 由 (7.8) 可知 $\phi \circ c$ 是测地线当且仅当

$$\frac{d^2u^k}{dt^2} + \sum_{i,j=1}^{2} \Gamma_{ij}^k \frac{du^i}{dt}\frac{du^j}{dt} = 0, \quad k = 1, 2$$

在 I 上成立.

接下来考虑测地线方程组的初值问题

$$\begin{cases} \dfrac{d^2u^k}{dt^2} + \displaystyle\sum_{i,j=1}^{2} \Gamma_{ij}^k \frac{du^i}{dt}\frac{du^j}{dt} = 0, \\ u^k(0) = x^k, \\ \dfrac{du^k}{dt}(0) = v^k, \end{cases} \tag{$*$}$$

其中 $k = 1, 2$, $x = (x^1, x^2) \in D, v = (v^1, v^2) \in \mathbb{R}^2$. 当 $v = (0, 0)$ 时 $(*)$ 的解定义在整个实数域 $\mathbb{R}$ 上 (即$u^k \equiv x^k, k = 1, 2$), 由常微分方程组的解对初值的光滑依赖性可知: 存在 $D \times \{0\}$ 在 $\mathbb{R}^2 \times \mathbb{R}^2$ 中的开邻域 $\mathcal{U}$ 使得对任意 $(x, v) \in \mathcal{U}$, $(*)$ 的解 $u = u(t, x, v)$ 在 $t \in [-1, 1]$ 上有定义且 u 光滑依赖于 $(t, x, v) \in [-1, 1] \times \mathcal{U}$. 再由 $(*)$ 解的唯一性可知: 当 $|\varepsilon|$ 充

分小时, $u(t,x,\varepsilon v)=u(\varepsilon t,x,v)$, $(t,x,v)\in[-1,1]\times\mathcal{U}$. 取 $t=1$ 即得

$$u(1,x,\varepsilon v)=u(\varepsilon,x,v). \tag{8.1}$$

从而,

$$\frac{\partial u^i}{\partial v^j}(1,x,0)=\delta_{ij},\quad x\in D,\quad 1\leqslant i,j\leqslant 2.$$

再由隐函数定理, 对任意 $u_0\in D$ 存在 u_0 的开邻域 U 以及 $r>0$ 使得

$$\begin{aligned}E:U\times B_r&\to\mathcal{U}\\(x,v)&\mapsto(x,u(1,x,v))\end{aligned}$$

是到像的光滑同胚, 且 $\mathrm{Im}E$ 是 $\mathcal{U}$ 中的开集, 其中 $B_r=\{v\in\mathbb{R}^2\big||v|<r\}$. 于是对任何 $x\in U$,

$$\begin{aligned}E_x:B_r&\to U_x\\v&\mapsto u(1,x,v)\end{aligned} \tag{8.2}$$

是光滑同胚, 其中 U_x 是 x 的开邻域.

8.2　一点规范化的参数变换

对任意 $x\in U$, 考虑 ϕ 的参数变换 $\phi\circ E_x$, 记

$$[g_{ij}(v)]=g_{\phi\circ E_x}(v),\quad v\in B_r.$$

命题 8.1　若 $\partial_{u^i}\phi\cdot\partial_{u^j}\phi(x)=\delta_{ij}(1\leqslant i,j\leqslant 2)$, 则 $g_{ij}(v)$ 在 $v=(0,0)$ 处满足如下规范化条件

$$g_{ij}(0,0)=\delta_{ij},\quad \partial_{v^k}g_{ij}(0,0)=0,\quad 1\leqslant i,j,k\leqslant 2.$$

证明　因为 E_x 在 $(0,0)$ 处的 Jacobi 矩阵是单位阵, 由 (5.12) 可知

$$g_{ij}(0,0)=\partial_{u^i}\phi\cdot\partial_{u^i}\phi(0,0)=\delta_{ij},\quad 1\leqslant i,j\leqslant 2.$$

任取 $v \in B_r$,

$$t \mapsto \phi \circ E_x(tv) \overset{(8.1)}{=\!=} \phi(u(t,x,v))$$

是定义在 $t=0$ 附近的测地线. 由测地线方程组可得

$$\sum_{i,j=1}^{2} \Gamma_{ij}^k(0,0)v^i v^j = 0,$$

从而 $\Gamma_{ij}^k(0,0)=0, 1 \leqslant i,j,k \leqslant 2$. 再由 (5.9) 可得 $\partial_{v^k} g_{ij}(0,0)=0$. #

8.3 极坐标变换

前面的命题仅仅反映了第一基本型在 $v=0$ 处的信息, 为了得到第一基本型在 $v=0$ 附近的性质我们进一步考虑如下参数变换. 令

$$v^1 = \rho\cos\theta, \quad v^2 = \rho\sin\theta,$$

则 ϕ 有如下参数变换

$$\Phi(\rho,\theta) := \phi \circ E_x(\rho\cos\theta, \rho\sin\theta), \qquad (\rho,\theta) \in (0,r) \times \mathbb{R}. \tag{8.3}$$

由 (8.1) 式可知

$$\Phi(\rho,\theta) = \phi(u(\rho,x,\cos\theta,\sin\theta)). \tag{8.4}$$

从而, $\rho \mapsto \Phi(\rho,\theta)$ 是弧长参数化的测地线, 即

$$|\partial_\rho\Phi| \equiv 1 \quad 且 \quad \kappa_g \equiv 0 (\Leftrightarrow \partial_\rho\partial_\rho\Phi \text{ 平行于 } \nu). \tag{8.5}$$

由 (8.5) 式可得

$$\partial_\rho(\partial_\rho\Phi \cdot \partial_\theta\Phi) = \partial_\rho\Phi \cdot \partial_\rho\partial_\theta\Phi = \frac{1}{2}\partial_\theta|\partial_\rho\Phi|^2 = 0. \tag{8.6}$$

由 $\partial_\theta\Phi = -\rho\sin\theta\partial_{x^1}\phi \circ E_x + \rho\cos\theta\partial_{x^2}\phi \circ E_x$ 可知

$$|\partial_\theta\Phi|^2 = \rho^2(g_{11} \circ E_x \sin^2\theta + 2g_{12} \circ E_x \sin\theta\cos\theta + g_{22} \circ E_x \cos^2\theta),$$

从而

$$\lim_{\rho\to 0}|\partial_\theta\Phi| = 0, \quad \lim_{\rho\to 0}\partial_\rho|\partial_\theta\Phi| = 1. \tag{8.7}$$

综合 (8.5),(8.6) 和 (8.7) 中第一式可得

$$\partial_\rho\Phi\cdot\partial_\theta\Phi \equiv 0. \tag{8.8}$$

由 (8.5),(8.8) 和 (5.28) 可知如下等式

$$\partial_\rho\partial_\rho|\partial_\theta\Phi| = -K_\phi\ |\partial_\theta\Phi|,$$

再结合 (8.7) 中第二式即得

$$|\partial_\theta\Phi| = \rho - \frac{K_\phi(0,0)}{6}\rho^3 + o(\rho^3).$$

以上讨论可总结为

$$g_\Phi(\rho,\theta) = \begin{bmatrix} 1 & 0 \\ 0 & \left(\rho - \dfrac{K_\phi(0,0)}{6}\rho^3 + o(\rho^3)\right)^2 \end{bmatrix}. \tag{8.9}$$

练习 8.1 证明：当高斯曲率恒为零时, 命题 8.1 中的 $g_{ij}\equiv\delta_{ij}(1\leqslant i,j=2)$.

练习 8.2 证明：当高斯曲率恒为零时, 在命题 8.1 中 $g_{ij}\equiv\delta_{ij}(1\leqslant i,j\leqslant 2)$

练习 8.3 记号和 8.1 节一致. 取

$$c:[-\delta,\delta]\to U$$
$$t\mapsto x(t)$$

使得 $\gamma:=\phi\circ c$ 是弧长参数化的曲线, $c(0)=u_0$. 记

$$\frac{d\gamma(t)}{dt}\times\nu(c(t)) = \sum_{i=1}^{2}v^i(t)\phi_i\circ c(t).$$

证明：(i) 映射

$$\Psi : (-\delta,\delta) \times (-\varepsilon,\varepsilon) \to \mathbb{R}^3$$
$$(s,t) \mapsto \phi \circ u(1, x(t), sv(t))$$
定义了一个正则参数化的曲面, 其中 ε 是充分小的正数.

(ii) $g_\Psi(s,t) = \begin{bmatrix} 1 & 0 \\ 0 & \left(1+\kappa_g(t)s - \dfrac{K_\phi(0,t)}{2}s^2 + o(s^2)\right)^2 \end{bmatrix}$, 其中 κ_g 是 γ 的测地曲率.

8.4 共形参数化

若 $|\phi_1| = |\phi_2|$, $\phi_1 \cdot \phi_2 = 0$ 在 D 上成立, 则称 $\phi : D \to \mathbb{R}^3$ 是**共形参数化的曲面**.

8.4.1 共形参数变换

命题 8.2 设 $\phi : D \to \mathbb{R}^3$ 是共形参数化的曲面, 取 $\phi\circ\sigma : V \to \mathbb{R}^3$ 是 ϕ 的一个保定向的参数变换. 在 V 和 D 上分别引入复坐标 $z = x^1 + \sqrt{-1}x^2$, $w = u^1 + \sqrt{-1}u^2$, 则 $\phi\circ\sigma$ 也是共形参数化的曲面 $\Leftrightarrow w = \sigma(z)$ 是全纯函数.

证明 由 (5.12) 可知 $\phi\circ\sigma$ 是共形参数化的曲面当且仅当
$$\frac{\left[\dfrac{\partial u^j}{\partial x^i}\right]}{\sqrt{\det\left[\dfrac{\partial u^j}{\partial x^i}\right]}} \in SO(2),$$
即在 D 上成立 Cauchy-Riemann 方程组 $\dfrac{\partial u^2}{\partial x^1} = -\dfrac{\partial u^1}{\partial x^2}, \dfrac{\partial u^2}{\partial x^2} = \dfrac{\partial u^1}{\partial x^1}$. #

练习 8.4 设 $\phi : D \to \mathbb{R}^3$ 是共形参数化的曲面, 记 $w = u^1 + \sqrt{-1}u^2 \in D$. 证明对光滑映射 $c : I \to D, \gamma\circ c$ 是测地线 ($I \subseteq \mathbb{R}$ 是一个区间) 当且仅当
$$\frac{d^2 w\circ c}{dt^2} + \left(\frac{dw\circ c}{dt}\right)^2 (\partial_w \log g_{11}) \circ c = 0.$$

8.4.2 局部存在性

我们有如下关于共形参数化的局部存在性定理, 这个结论的证明实质性地依赖于椭圆型偏微分方程的局部可解性.

定理 8.1 对任何 $u_0 \in D$, 存在保定向的共形参数化 $\phi\circ\sigma : V \to \mathbb{R}^3$ 使得 $\sigma(0,0) = u_0$, 其中 V 是 $(0,0) \in \mathbb{R}^2$ 的一个开邻域.

分析: 由推论 5.1, 可不妨设 $u \in D$ 是正交参数. 任取一个参数变换 $\phi \circ \sigma : V \to \mathbb{R}^3$, 由 (5.12) 可知 $g_{\phi\circ\sigma}^{-1} = \left(J^{\mathrm{T}} g_{\phi}^{-1} J\right) \circ \sigma$, 其中 $J = \left[\partial_i x^j\right], \partial_i := \partial_{u^i} (i = 1, 2)$. 因此 $\phi \circ \sigma$ 是共形参数化当且仅当以下两式同时成立

$$\sum_{i=1}^{2} g^{ii} \partial_i x^1 \partial_i x^2 = 0, \tag{8.10}$$

$$\sum_{i=1}^{2} g^{ii} (\partial_i x^1)^2 = \sum_{i=1}^{2} g^{ii} (\partial_i x^2)^2, \tag{8.11}$$

其中 $g_{\phi}^{-1} = \left[g^{ij}\right]$. (8.10) 式等价于存在 V 上的函数 λ 使

$$g^{11} \partial_1 x^1 = \lambda \partial_2 x^2, \qquad g^{22} \partial_2 x^1 = -\lambda \partial_1 x^2.$$

由此可知

$$\sum_{i=1}^{2} g^{ii} (\partial_i x^1)^2 = \frac{g^{11} g^{22}}{\lambda^2} \sum_{i=1}^{2} g^{ii} (\partial_i x^2)^2.$$

于是 (8.11) 式等价于 $\lambda^2 = g^{11} g^{22}$. 这就把问题归纳为解如下线性偏微分方程组

$$\begin{cases} \partial_1 x^1 = \sqrt{\dfrac{g^{22}}{g^{11}}} \partial_2 x^2, \\ \partial_2 x^1 = -\sqrt{\dfrac{g^{22}}{g^{11}}} \partial_1 x^2. \end{cases} \tag{8.12}$$

证明 对给定的函数 $x^2 = x^2(u)$, 要通过解方程组 (8.12) 得到 x^1 仅需检验相容性条件

$$\partial_2\left(\sqrt{\frac{g^{22}}{g^{11}}}\partial_2 x^2\right) = -\partial_1\left(\sqrt{\frac{g^{22}}{g^{11}}}\partial_1 x^2\right),$$

即 x^2 需满足

$$\sum_{i=1}^{2}\left(\partial_i^2 + \partial_i \log\sqrt{\frac{g^{22}}{g^{11}}}\partial_i\right)x^2 = 0. \tag{8.13}$$

由椭圆型方程的局部可解性 [5] 可知: 存在圆心在原点的开圆盘 B 和函数 $x^2 \in C^\infty(B)$ 满足 (8.13) 且 $x^2(u_0) = u_0^2, \partial_1 x^2(u_0)$ 和 $\partial_2 x^2(u_0)$ 不全为 0. 取定这样一个 x^2, 再取 (8.12) 满足 $x^1(u_0) = u_0^1$ 的解 x^1 即可. #

注 当 $\phi: D - \mathbb{R}^3$ 是实解析映射时, 可直接用 Cauchy-Kovalevsky 定理解方程组 (8.12).

8.4.3 球极投影

在这一章的最后, 我们具体给出球面的一个共形参数化. 球极投影是 $\mathbb{R}^3$ 中的球面上去除一点之外的部分的正则参数化, 即

$$\begin{aligned}\phi: \mathbb{R}^2 &\xrightarrow{\cong} S^2 \setminus \{(0,0,1)\}\\ u &\mapsto \left(\frac{2u^1}{1+|u|^2}, \frac{2u^2}{1+|u|^2}, \frac{|u|^2-1}{1+|u|^2}\right)^{\mathrm{T}}.\end{aligned}$$

直接计算可知

$$g_{12} = 0, \quad g_{11} = g_{22} = \frac{4}{(1+|u|^2)^2}.$$

因此, 球极投影是 $S^2 \setminus \{(0,0,1)\}$ 的共形参数化.

第 9 章　曲面论基本定理

我们在本章中讨论曲面论基本定理. 类似于曲线论基本定理的证明, 我们需要研究由标架运动方程确定的微分方程组. 由于这是一个超定偏微分方程组, 我们首先分析它的相容性条件, 并由此得到 Gauss-Codazzi 方程, 这是曲面第一基本型和第二基本型之间的重要关系.

9.1　第一基本型、第二基本型的相容性条件

设 $\phi : D \to \mathbb{R}^3$ 是一个正则参数化的曲面. 和第 5 章一样, 我们记 $g_\phi = [g_{ij}], h_\phi = [h_{ij}], w_i^j = \sum_{l=1}^2 h_{il} g^{lj}, \partial_i = \partial_{u^i}, 1 \leqslant i, j \leqslant 2$.

9.1.1　标架运动方程的相容性条件

对任何 $1 \leqslant i, j, k \leqslant 2$,

$$\partial_i \partial_j \partial_k \phi = \partial_i \phi_{jk} \xlongequal{(5.1),\ (5.2)} \sum_{l=1}^{2} \left(\partial_i \Gamma_{jk}^l + \sum_{m=1}^{2} \Gamma_{jk}^m \Gamma_{mi}^l - h_{jk} w_i^l \right) \phi_l + \left(\partial_i h_{jk} + \sum_{m=1}^{2} \Gamma_{jk}^m h_{im} \right) \nu.$$

$\partial_i \partial_j \partial_k \phi$ 关于下标 i, j, k 的对称性等价地表示为如下两组等式 (标架运动方程的相容性条件) 对 $1 \leqslant i, j, k, m \leqslant 2$ 成立:

$$\partial_i \Gamma_{jk}^m - \partial_j \Gamma_{ki}^m + \sum_{p=1}^{2} \Gamma_{jk}^p \Gamma_{pi}^m - \sum_{p=1}^{2} \Gamma_{ki}^p \Gamma_{pj}^m = h_{jk} w_i^m - h_{ki} w_j^m, \tag{9.1}$$

$$\partial_i h_{jk} - \partial_j h_{ki} + \sum_{m=1}^{2} \Gamma_{jk}^m h_{im} - \sum_{m=1}^{2} \Gamma_{ki}^m h_{jm} = 0. \tag{9.2}$$

练习 9.1　用类似的方法证明: $\partial_j \partial_k \nu$ 关于下标的对称性等价于 (9.1).

9.1.2 Gauss 方程

在 (9.1) 式两边同乘 g_{ml} 并对 $m=1,2$ 作和, 我们得到 (9.1) 式的等价形式

$$\sum_{m=1}^{2} g_{ml}\left(\partial_i\Gamma_{jk}^m-\partial_j\Gamma_{ki}^m+\sum_{p=1}^{2}\Gamma_{jk}^p\Gamma_{pi}^m-\sum_{p=1}^{2}\Gamma_{ki}^p\Gamma_{pj}^m\right)=h_{jk}h_{il}-h_{ki}h_{jl}. \tag{9.1$'$}$$

由 (5.9) 和 (5.10) 可知

$$\begin{aligned}\sum_{m=1}^{2} g_{ml}\partial_i\Gamma_{jk}^m &= \sum_{m=1}^{2}\left[\partial_i(g_{ml}\Gamma_{jk}^m)-\partial_i g_{ml}\cdot\Gamma_{jk}^m\right]\\ &=\frac{1}{2}\sum_{m,p=1}^{2}\partial_i\left[g_{ml}g^{mp}(\partial_k g_{jp}+\partial_j g_{kp}-\partial_p g_{jk})\right]\\ &\quad-\sum_{m,p=1}^{2}\left(g_{pl}\Gamma_{im}^p+g_{pm}\Gamma_{il}^p\right)\Gamma_{jk}^m\\ &=\frac{1}{2}(\partial_i\partial_k g_{jl}+\partial_i\partial_j g_{kl}-\partial_i\partial_l g_{jk})-\sum_{m,p=1}^{2}\left(g_{pl}\Gamma_{im}^p+g_{pm}\Gamma_{il}^p\right)\Gamma_{jk}^m.\end{aligned} \tag{9.3}$$

从而 (9.1)$'$ 式的左边等于

$$\begin{aligned}&\frac{1}{2}(\partial_k\partial_i g_{jl}-\partial_i\partial_l g_{jk}+\partial_j\partial_l g_{ki}-\partial_j\partial_k g_{il})\\ &+\sum_{m,p=1}^{2} g_{mp}\left(\Gamma_{jl}^p\Gamma_{ki}^m-\Gamma_{il}^p\Gamma_{jk}^m\right):=R_{ijkl}.\end{aligned}$$

因此, (9.1)$'$ 式可等价地表示为

$$R_{ijkl}=h_{jk}h_{il}-h_{ki}h_{jl},\qquad 1\leqslant i,j,k,l\leqslant 2. \tag{9.1$''$}$$

由定义可知

$$R_{ijkl}=-R_{jikl}=-R_{ijlk}. \tag{9.4}$$

(9.1)″ 式左边关于 (i,j) 和 (k,l) 均是反对称的, 再由 (9.4) 式可知 (9.1)″ 式中 2^4 个等式中仅有一个独立的非平凡等式

$$R_{1221} = \det h, \tag{9.5}$$

即

$$K = \frac{R_{1221}}{\det g}. \tag{9.6}$$

将 (5.27) 式代入 R_{1221} 的定义可知等式 (9.6) 恰好就是 (5.28) 式, 即 Gauss 方程.

注　若 ϕ 是共形参数化的曲面, Gauss 方程有如下形式

$$K = -\frac{1}{2g_{11}}(\partial_1^2 + \partial_2^2)\log g_{11}. \tag{9.7}$$

练习 9.2　记 $\nabla_i := \nabla_{\phi_i}(i=1,2)$, 证明: 对 $1 \leqslant i,j,k,l \leqslant 2$, 有

(i) $\nabla_j \phi_k = \sum_{m=1}^2 \Gamma_{kj}^m \phi_m$;

(ii) $(\nabla_i\nabla_j\phi_k - \nabla_j\nabla_i\phi_k)\cdot\phi_l = R_{ijkl}$;

(iii) $\partial_i\partial_j g_{kl} = \nabla_i\nabla_j\phi_k\cdot\phi_l + \phi_k\cdot\nabla_i\nabla_j\phi_l + \nabla_j\phi_k\cdot\nabla_i\phi_l + \nabla_i\phi_k\cdot\nabla_j\phi_l$,

并用 (ii), (iii) 重新证明 (9.4).

9.1.3　Codazzi 方程

等式 (9.2) 称为 ϕ 的 **Codazzi 方程**, 由于 (9.2) 式左边关于下指标 (i,j) 反对称, (9.2) 式的 2^3 个等式中独立的等式至多有两个. 实际上 (9.2) 式中恰好有两个独立等式. 若 ϕ 是正交参数化 $(g_{12} \equiv 0)$, 由 (5.27) 可知 Codazzi 方程有如下形式:

$$\begin{cases} \partial_2 h_{11} - \partial_1 h_{12} - H\partial_2 g_{11} + h_{12}\partial_1 \log\sqrt{\dfrac{g_{11}}{g_{22}}} = 0, \\ \partial_1 h_{22} - \partial_2 h_{12} - H\partial_1 g_{22} + h_{12}\partial_2 \log\sqrt{\dfrac{g_{22}}{g_{11}}} = 0, \end{cases} \tag{9.2$'$}$$

其中 H 是 ϕ 的平均曲率.

练习 9.3 证明: (i) 若 $\phi: D \to \mathbb{R}^3$ 是共形参数化的曲面, 则

$H=$ 常数 $\Leftrightarrow h_{11}-h_{22}-2\sqrt{-1}h_{12}$ 是 $z=u^1+\sqrt{-1}u^2 \in D$ 的全纯函数.

(ii) 常平均曲率曲面要么是全脐点的要么仅有离散脐点.

练习 9.4 证明: 对无脐点的常平均曲率曲面, 在局部上总存在参数使得第一基本型、第二基本型有如下形式:

$$g_{11}=g_{22}=\frac{1}{\sqrt{H^2-K}}, \quad g_{12}=0,$$

$$h_{11}=\frac{H}{\sqrt{H^2-K}}-1,\ h_{22}=\frac{H}{\sqrt{H^2-K}}+1,\ h_{12}=0.$$

练习 9.5 证明: 具有常平均曲率和常 Gauss 曲率的正则参数化曲面 $\phi: D \to \mathbb{R}^3$ 的像 $\phi(D)$ 是平面、球面或正圆柱面中的开子集.

9.1.4 Gauss-Codazzi 方程的一个应用

我们利用 Gauss 方程证明如下引理, 这个结论将在第 11 章中被用来证明 Leibmann 定理.

引理 9.1 设主曲率 $k_1 \leqslant k_2$ 满足

$$\min_D k_1 = k_1(u_0) < k_2(u_0) = \max_D k_2 \quad (u_0 \in D),$$

则 Gauss 曲率 $K(u_0) \leqslant 0$.

证明 根据 5.5.2 小节, 通过取曲率线参数我们可不妨设

$$g_{12}=h_{12}=0, \quad k_i=\frac{h_{ii}}{g_{ii}} \quad (i=1,2).$$

此时, Codazzi 方程 $(9.2)'$ 可改写为

$$\partial_2 k_1=(k_2-k_1)\partial_2 \log\sqrt{g_{11}}, \quad \partial_1 k_2=(k_1-k_2)\partial_1 \log\sqrt{g_{22}}. \tag{9.2)''$$

再由 $\partial_2 k_1(u_0)=\partial_1 k_2(u_0)=0$ 可知

$$\partial_2 g_{11}(u_0)=\partial_1 g_{22}(u_0)=0.$$

将 (9.2)″ 两边微分并将上式及 $\partial_2^2 k_1(u_0) \geqslant 0 \geqslant \partial_1^2 k_2(u_0)$ 代入可得

$$\frac{\partial_2^2 g_{11}}{2g_{11}}(k_2 - k_1)(u_0) \geqslant 0 \geqslant \frac{\partial_1^2 g_{22}}{2g_{22}}(k_1 - k_2)(u_0),$$

即 $\partial_2^2 g_{11}(u_0) \geqslant 0, \partial_1^2 g_{22} \geqslant 0$. 最后由 Gauss 方程可知在 $u = u_0$ 处

$$K = -\frac{1}{2g_{11}g_{22}}(\partial_1^2 g_{22} + \partial_2^2 g_{11}) \leqslant 0. \qquad \#$$

9.2 曲面论基本定理的证明

接下来, 我们叙述并证明**曲面论基本定理**. 设 $D \subseteq \mathbb{R}^2$ 是单连通区域, $(0,0) \in D$. 给定 $g_{ij}, h_{ij} \in C^\infty(D), 1 \leqslant i, j \leqslant 2$, 并设

(i) $[g_{ij}(u)]$ 正定, $[h_{ij}(u)]$ 对称, $u \in D$.

(ii) $g_{ij}, h_{ij} (1 \leqslant i, j \leqslant 2)$ 满足 Gauss 方程和 Codazzi 方程, 即等式 (9.1) 和 (9.2) 成立, 其中 Γ_{ij}^k, w_j^k 分别由 (5.10) 和 (5.8) 两式定义.

任取 $\underset{\circ}{\phi}, \underset{\circ}{\phi_1}, \underset{\circ}{\phi_2}, \underset{\circ}{\nu} \in \mathbb{R}^3$, 使得

$$\underset{\circ}{\phi_i} \cdot \underset{\circ}{\phi_j} = g_{ij}(0,0), \quad \underset{\circ}{\phi_i} \cdot \underset{\circ}{\nu} = 0, \quad |\underset{\circ}{\nu}| = 1, \quad 1 \leqslant i, j \leqslant 2.$$

我们现在可以叙述曲面论基本定理如下.

定理 9.1 在上述条件下, 存在唯一的正则参数化曲面 $\phi : D \to \mathbb{R}^3$ 使得

$$g_\phi = [g_{ij}], \quad h_\phi = [h_{ij}]$$

在 D 上成立, 并且

$$\phi(0,0) = \underset{\circ}{\phi}, \quad \phi_i(0,0) = \underset{\circ}{\phi_i}(i = 1,2), \quad \nu(0,0) = \underset{\circ}{\nu}.$$

分析: 由 (5.1) 和 (5.2), 我们考虑关于 $[\phi, \phi_1, \phi_2, \nu]$ 的方程组

$$\begin{cases} \partial_i \phi = \phi_i, \\ \partial_j \phi_i = \sum_{k=1}^{2} \Gamma_{ij}^k \phi_k + h_{ij} \nu, \\ \partial_j \nu = -\sum_{k=1}^{2} w_j^k \phi_k, \quad 1 \leqslant i, j \leqslant 2. \end{cases} \tag{9.8}$$

我们希望证明 (9.8) 满足初始条件

$$\phi(0,0) = \underset{\circ}{\phi}, \quad \phi_i(0,0) = \underset{\circ}{\phi}_i (i=1,2), \quad \nu(0,0) = \underset{\circ}{\nu} \tag{9.9}$$

的解 $[\phi, \phi_1, \phi_2, \nu]$ 提供了定理断言的正则参数化曲面 $\phi : D \to \mathbb{R}^3$. 为此, 我们需要检验初值问题 (9.8), (9.9) 的解满足

$$\phi_i \cdot \phi_j = g_{ij} (1 \leqslant i, j \leqslant 2), \quad \phi_i \cdot \nu = 0, \quad |\nu| = 1. \tag{9.10}$$

首先, 我们把偏微分方程组的初值问题 (9.8), (9.9) 转化为常微分方程组的初值问题. 对任何 $u \in D$, 取 D 中光滑曲线 $[0,1] \ni t \mapsto u(t) \in D$ 使得 $u(0) = (0,0), u(1) = u$. 若 (9.8) 满足初始条件 (9.9) 的解 $[\phi, \phi_1, \phi_2, \nu]$ 存在, 则这组解限制在 $u = u(t)$ 上满足

$$\begin{cases} \frac{d\phi}{dt} = \sum_{i=1}^{2} \frac{du^i}{dt} \phi_i, \\ \frac{d\phi_i}{dt} = \sum_{j,k=1}^{2} \Gamma_{ij}^k \frac{du^j}{dt} \phi_k + \sum_{j=1}^{2} h_{ij} \frac{du^j}{dt} \nu, \quad i = 1, 2, \\ \frac{d\nu}{dt} = -\sum_{j,k=1}^{2} w_j^k \frac{du^j}{dt} \phi_k, \end{cases} \tag{9.11}$$

$$\phi(0,0) = \underset{\circ}{\phi}, \quad \phi_i(0,0) = \underset{\circ}{\phi}_i (i=1,2), \quad \nu(0,0) = \underset{\circ}{\nu}. \tag{9.12}$$

反过来, 由于 (9.11) 是关于 $[\phi, \phi_1, \phi_2, \nu]$ 的线性常微分方程组, 在 $t \in [0,1]$ 上有唯一的解 $[\phi, \phi_1, \phi_2, \nu]$ 满足 (9.12). 若能证明

$$[\phi, \phi_1, \phi_2, \nu](1) \text{ 与道路 } t \mapsto u(t) \text{ 的选取无关.} \tag{9.13}$$

则由常微分方程组对参数的光滑依赖性可知 $D \ni u \mapsto [\phi, \phi_1, \phi_2, \nu](1)$ 定义了一个光滑映射并满足方程组 (9.8) 和初始条件 (9.9).

证明　由前面的分析可知：我们只要证明 (9.13) 和 (9.10).

(9.13) 的证明: 由 D 的单连通性, 只要对满足 $u(0,\cdot) \equiv (0,0), u(1,\cdot) \equiv u$ 的光滑映射 $[0,1]^2 \ni (t,\lambda) \mapsto u(t,\lambda) \in D$ 证明 $\partial_\lambda[\phi, \phi_1, \phi_2, \nu](1,\lambda) \equiv 0$, 其中 $[\phi, \phi_1, \phi_2, \nu](t,\lambda)$ 是

$$\begin{cases} \partial_t \phi = \sum_{i=1}^{2} \partial_t u^i \phi_i, \\ \partial_t \phi_i = \sum_{j,k=1}^{2} \Gamma_{ij}^k \partial_t u^j \phi_k + \sum_{j=1}^{2} h_{ij} \partial_t u^j \nu, \\ \partial_t \nu = -\sum_{j,k=1}^{2} w_j^k \partial_t u^j \phi_k \end{cases} \tag{9.11$_\lambda$}$$

满足 $[\phi, \phi_1, \phi_2, \nu](0,\lambda) = [\mathring{\phi}, \mathring{\phi}_1, \mathring{\phi}_2, \mathring{\nu}]$ 的唯一解.　　(9.12)$_\lambda$

由常微分方程组对参数的光滑依赖性可知 $[\phi, \phi_1, \phi_2, \nu](t,\lambda)$ 光滑依赖于 $(t,\lambda) \in [0,1]^2$. 令

$$\begin{aligned} \delta &= \partial_\lambda \phi - \sum_{i=1}^{2} \partial_\lambda u^i \phi_i, \\ \delta_i &= \partial_\lambda \phi_i - \sum_{j,k=1}^{2} \Gamma_{ij}^k \partial_\lambda u^j \phi_k - \sum_{j=1}^{2} h_{ij} \partial_\lambda u^j \nu \quad (i=1,2), \\ \delta_3 &= \partial_\lambda \nu + \sum_{j,k=1}^{2} w_j^k \partial_\lambda u^j \phi_k. \end{aligned}$$

由 $(9.11)_\lambda, h_{ij} = h_{ji}$ 和 $\Gamma_{ij}^k = \Gamma_{ji}^k$ 可得

$$\partial_t \delta = \sum_{i=1}^{2} \partial_t u^i \delta_i. \tag{9.14}$$

由 $(9.11)_\lambda$, Gauss 方程 (9.1) 和 Codazzi 方程 (9.2) 可知

$$\partial_t\delta_i = \sum_{j,k=1}^{2}\Gamma_{ij}^k\partial_t u^j\delta_k + \sum_{j=1}^{2}h_{ij}\partial_t u^j\delta_3 \quad (i=1,2), \tag{9.15}$$

$$\partial_t\delta_3 = \sum_{j,k=1}^{2}w_j^k\partial_t u^j\delta_k. \tag{9.16}$$

因为 $u(0,\cdot)=(0,0)$, 我们有 $\partial_\lambda u^i(0,\cdot)=0, i=1,2$. 结合 $(9.12)_\lambda$ 可得

$$[\delta,\delta_1,\delta_2,\delta_3](0,0)=0.$$

再由 (9.14)~(9.16) 和常微分方程组解的唯一性可知

$$[\delta,\delta_1,\delta_2,\delta_3]\equiv 0.$$

类似地, 由 $u(1,\cdot)=u$ 可得 $\partial_\lambda u^i(1,\cdot)=0, i=1,2$. 再由 $\delta,\delta_1,\delta_2,\delta_3$ 的定义可知

$$\partial_\lambda[\phi,\phi_1,\phi_2,\nu](1,\cdot)=0.$$

(9.10) 的证明: 由 (9.11) 和 (5.9) 可知

$$\begin{aligned}\frac{d}{dt}(\phi_i\cdot\phi_j-g_{ij}) =& \sum_{k,l=1}^{2}\Gamma_{il}^k\partial_t u^l(\phi_k\cdot\phi_j-g_{kj})+\sum_{k,l=1}^{2}\Gamma_{jl}^k\partial_t u^l(\phi_i\cdot\phi_k-g_{ik})\\ &+\sum_{l=1}^{2}h_{il}\partial_t u^l\nu\cdot\phi_j+\sum_{l=1}^{2}h_{jl}\partial_t u^l\nu\cdot\phi_i,\end{aligned} \tag{9.17}$$

$$\frac{d}{dt}(\phi_i\cdot\nu) = \sum_{j,k=1}^{2}\Gamma_{ij}^k\partial_t u^j\phi_k\cdot\nu+\sum_{j=1}^{2}h_{ij}\partial_t u^j(\nu\cdot\nu-1), \tag{9.18}$$

$$\frac{d}{dt}(\nu\cdot\nu-1) = -2\sum_{j,k=1}^{2}w_j^k\partial_t u^j\phi_k\cdot\nu. \tag{9.19}$$

再由初始条件 (9.9) 和常微分方程组解的唯一性可得 $\phi_i\cdot\phi_j-g_{ij}\equiv 0$, $\phi_i\cdot\nu\equiv 0$, $\nu\cdot\nu-1\equiv 0$, 即 (9.10) 成立. #

由曲面论基本定理中的唯一性可知: 对具有相同第一基本型、第二基本型的正则参数化的曲面, 存在 $\mathbb{R}^3$ 中的刚体运动将其中一张曲面搬运到与另一张曲面重合的位置.

曲面论基本定理中的单连通条件保证了我们可以把偏微分方程组 (9.8) 的可解性问题转化为常微分方程组 (9.11) 的可解性问题, 我们在这里采用的证明方法参考了文献 [9]. 事实上, 上述处理偏微分方程组 (9.8) 的方法可以用来证明关于一阶可积偏微分方程组的 Frobenius 定理, 这方面的讨论可以参考关于微分流形的文献. (9.13) 的证明告诉我们：当常微分方程组 (9.11) 的系数满足 Gauss-Codazzi 方程时, 初值问题 (9.11)—(9.12) 的解在 $t=1$ 处的值由道路 $[0,1]\ni t\mapsto u(t)\in D$ 的同伦类确定.

练习 9.6 $D\subseteq\mathbb{R}^2$ 是单连通开区域, $\theta\in C^\infty(D), 0<\theta<\dfrac{\pi}{2}$. 证明: θ 满足

$$(\partial_1\partial_1-\partial_2\partial_2)\theta=\cos\theta\sin\theta$$

当且仅当存在正则参数化的曲面 $\phi: D\to\mathbb{R}^3$ 使得第一基本型、第二基本型的系数为

$$g_{11}=\cos^2\theta,\quad g_{12}=g_{21}=0,\quad g_{22}=\sin^2\theta,$$

$$h_{11}=-h_{22}=\cos\theta\sin\theta,\quad h_{12}=h_{21}=0.$$

练习 9.7 设 $D\subseteq\mathbb{R}^2$ 是单连通的开区域, $f\in C^\infty(D), a\ b$ 是两个实数, 证明:

(1) 存在正则参数化曲面 $\phi: D\to\mathbb{R}^3$ 使得

$$g_{11}=g_{22}=e^{-f},\quad h_{11}=a,\quad h_{22}=b,\quad g_{12}=h_{12}=0$$

当且仅当以下两个条件之一成立:

(i) $a+b=0, (\partial_1^2+\partial_2^2)f=2abe^f$;

(ii) a 和 b 中恰有一个为零，f 是常数函数.

(2) 当上述两个条件之一成立时, ϕ 的高斯曲率 $K\leqslant 0$. 此外, $K=0$ 当且仅当 $\phi(D)$ 是平面或圆柱面中的开子集.

第 10 章 极小曲面

我们在第 6 章中作为面积泛函的临界点引入了极小曲面的概念并确定了旋转曲面中的极小曲面 (悬链面). 在本章中, 我们将介绍如何用复分析的方法讨论极小曲面: 极小曲面的局部共形参数化、极小图的 **Bernstein 定理**、**Weierstrass 表示**. 对极小曲面找到合适的共形参数化是引入复分析方法的关键. 关于极小曲面的复分析方法的基础是 Weierstrass 表示, 借助于这一表示, 函数论方法已经成为研究极小曲面的一个重要的工具.

设 $D \subseteq \mathbb{R}^2$ 是开区域, 记 D 中的点 $u = (u^1, u^2)$, 并记 $\partial_i = \partial_{u^i}(i = 1, 2)$. 对 $\varphi \in C^\infty(D)$, 记 $\varphi_i = \partial_i \varphi, \varphi_{ij} = \partial_i \partial_j \varphi(i, j = 1, 2)$.

10.1 极 小 图

10.1.1 可积条件

设 $D \subseteq \mathbb{R}^2$ 是凸的开子集, $f \in C^\infty(D)$ 并且

$$\begin{aligned} \phi : D &\to \mathbb{R}^3 \\ u &\mapsto (u, f(u))^{\mathrm{T}} \end{aligned}$$

定义了一个极小曲面.

因为 D 是凸的 (实际上仅用到单连通性), 把 (6.11) 式用作可积条件, 可由道路积分给出 $\lambda, \mu \in C^\infty(D)$ 使得

$$\begin{bmatrix} \lambda_1 & \mu_1 \\ \lambda_2 & \mu_2 \end{bmatrix} = \frac{1}{\sqrt{1 + f_1^2 + f_2^2}} \begin{bmatrix} 1 + f_1^2 & f_1 f_2 \\ f_1 f_2 & 1 + f_2^2 \end{bmatrix}. \tag{10.1}$$

类似地, 进一步将 $\lambda_2=\mu_1$ 用作可积条件可知: 存在 $\varphi\in C^\infty(D)$ 使得

$$\varphi_1=\lambda,\quad \varphi_2=\mu. \tag{10.2}$$

从而,

$$\begin{aligned} D^2\varphi:=\begin{bmatrix}\varphi_{11} & \varphi_{12}\\ \varphi_{21} & \varphi_{22}\end{bmatrix} &\xlongequal{(10.1)(10.2)} \frac{1}{\sqrt{1+f_1^2+f_2^2}}\begin{bmatrix}1+f_1^2 & f_1f_2\\ f_1f_2 & 1+f_2^2\end{bmatrix}\\ &=\frac{1}{\sqrt{1+f_1^2+f_2^2}}\left(\mathrm{Id}+\nabla f^T\nabla f\right). \end{aligned} \tag{10.3}$$

其中 $\nabla f:=(f_1,f_2)$. 由 6.1 节可知

$$g_\phi=\mathrm{Id}+\nabla f^{\mathrm{T}}\nabla f. \tag{10.4}$$

10.1.2 Levy 变换

定义

$$\begin{aligned}\sigma: D&\to\mathbb{R}^2\\ u&\mapsto x:=u+\nabla\varphi(u),\end{aligned}$$

其中 $\nabla\varphi:=(\varphi_1,\varphi_2)$. 我们称 σ 为 **Levy 变换**.

引理 10.1　$\Omega=\sigma(D)$ 是 $\mathbb{R}^2$ 的开区域, $\sigma: D\to\Omega$ 是光滑同胚. 当 $D=\mathbb{R}^2$ 时, 还有 $\Omega=\mathbb{R}^2$.

证明　由 (10.3) 可知 φ 是 D 上凸函数. 因为 σ 的 Jacobi 矩阵为

$$\frac{\partial x}{\partial u}=\mathrm{Id}+D^2\varphi, \tag{10.5}$$

σ 是局部同胚, 从而是开映射. 因此, $\sigma(D)$ 是 $\mathbb{R}^2$ 上的开集.

对任何 $u,v\in D$, 令

$$\lambda(t)=\varphi((1-t)u+tv),\quad t\in[0,1].$$

由定义可知 $\lambda \in C^\infty[0,1]$ 是凸函数. 于是

$$(v-u)\cdot\nabla\varphi(u) = \lambda'(0) \leqslant \lambda'(1) = (v-u)\cdot\nabla\varphi(v),$$

即

$$(u-v)\cdot(\nabla\varphi(u)-\nabla\varphi(v)) \geqslant 0.$$

由此可得 $|\sigma(u)-\sigma(v)|^2 \geqslant |u-v|^2$, 从而

$$|\sigma(u)-\sigma(v)| \geqslant |u-v| \text{ 对任何 } u,v\in D \text{ 成立}. \tag{10.6}$$

因此 $\sigma: D\to\Omega$ 是同胚. 当 $D=\mathbb{R}^2$ 时, 由 (10.6) 可知 $\sigma:\mathbb{R}^2\to\mathbb{R}^2$ 是闭映射, 从而 Ω 在 $\mathbb{R}^2$ 中既开又闭, 由此可得 $\Omega=\mathbb{R}^2$. #

10.1.3 极小曲面的局部共形参数化

对任何 $u\in D$, 记 $\mathbb{P}(u)$ 为从 $\mathbb{R}^2$ 到由 $\nabla f(u)$ 张成的子空间的正交投影, 则

$$\nabla f^{\mathrm{T}}\nabla f(u) = |\nabla f(u)|^2\mathbb{P}(u). \tag{10.7}$$

记 $\mathbb{P}^\perp = \mathrm{Id}-\mathbb{P}$, 则 $\mathbb{P}^\perp\mathbb{P}^\perp=\mathbb{P}^\perp, \mathbb{P}\mathbb{P}=\mathbb{P}, \mathbb{P}^\perp\mathbb{P}=\mathbb{P}\mathbb{P}^\perp=0$. 由 (10.3), (10.5), (10.7) 可知

$$\begin{aligned}\frac{\partial x}{\partial u} &= \left(1+\frac{1}{\sqrt{1+|\nabla f|^2}}\right)\mathrm{Id}+\frac{1}{\sqrt{1+|\nabla f|^2}}\nabla f^{\mathrm{T}}\cdot\nabla f\\ &= \left(1+\frac{1}{\sqrt{1+|\nabla f|^2}}\right)\mathbb{P}^\perp+\left(1+\sqrt{1+|\nabla f|^2}\right)\mathbb{P}.\end{aligned}$$

于是,

$$\frac{\partial u}{\partial x} = \left(\frac{\sqrt{1+|\nabla f|^2}}{1+\sqrt{1+|\nabla f|^2}}\,\mathbb{P}^\perp\right)\circ\sigma^{-1}+\left(\frac{1}{1+\sqrt{1+|\nabla f|^2}}\,\mathbb{P}\right)\circ\sigma^{-1}. \tag{10.8}$$

由 (10.4) 和 (10.7) 可知

$$g_\phi = \mathbb{P}^\perp + (1 + |\nabla f|^2)\mathbb{P}. \tag{10.9}$$

(10.8),(10.9),(5.12) 给出

$$g_{\phi\circ\sigma^{-1}} = \frac{\partial u}{\partial x}\left(g_\phi \circ \sigma^{-1}\right)\frac{\partial u}{\partial x}^{\mathrm{T}} = E\mathrm{Id},\ E := \left(\frac{\sqrt{1+|\nabla f|^2}}{1+\sqrt{1+|\nabla f|^2}}\right)^2 \circ \sigma^{-1}. \tag{10.10}$$

由练习 5.1 可知: (10.10) 式实际上给出了任何极小曲面 (不必是极小图) 上的局部共形参数化.

将 (10.10) 代入 (9.7) 可得

$$K_{\phi\circ\sigma^{-1}} = \frac{-1}{2E}\left(\partial_{x^1}^2 + \partial_{x^2}^2\right)\log E. \tag{10.11}$$

由定义可知极小曲面的 Gauss 曲率非正, 因此 (10.11) 式说明:

$$\log E \in C^\infty(\Omega) \text{ 是 (非正) 次调和函数.}$$

10.1.4 Bernstein 定理

对任何 $0 < r_1 < r_2 < +\infty$, 记 $A_{r_1,r_2} = \{x \in \mathbb{R}^2 \big| r_1 < |x| < r_2\}$, 因为 $\log|x|$ 是 $x \in \mathbb{R}^2 \setminus \{0\}$ 的调和函数, 由最大值原理可知: 对任何次调和函数 $\psi \in C^2(A_{r_1,r_2}) \cap C(\bar{A}_{r_1,r_2})$ 和 $r \in (r_1, r_2)$ 有

$$\max_{|x|=r}\psi(x) \leqslant \frac{1}{\log\dfrac{r_2}{r_1}}\left(\max_{|x|=r_1}\psi(x)\log\frac{r_2}{r} + \max_{|x|=r_2}\psi(x)\log\frac{r}{r_1}\right). \tag{10.12}$$

不等式 (10.12) 即为平面次调和函数的 Hadamard 三圆定理. 要证明 (10.12) 式, 只要注意到

$$y \mapsto \frac{1}{\log\dfrac{r_2}{r_1}}\left(\max_{|x|=r_1}\psi(x)\log\frac{r_2}{|y|} + \max_{|x|=r_2}\psi(x)\log\frac{|y|}{r_1}\right)$$

是 $y \in A_{r_1,r_2}$ 的调和函数, 并且在 A_{r_1,r_2} 的边界上的取值大于等于 ψ 的值. 由 Hadamard 三圆定理, 我们现在可以证明定义在 $\mathbb{R}^2$ 上的极小图的 Bernstein 定理.

定理 10.1 若 $f \in C^\infty(\mathbb{R}^2)$ 的图是极小的, 则 f 是线性函数.

证明 由 10.1.2 小节、10.1.3 小节可知 $\psi := \log E$ 是 $\mathbb{R}^2$ 上非正次调和函数, 其中 $E := \left(\dfrac{\sqrt{1+|\nabla f|^2}}{1+\sqrt{1+|\nabla f|^2}}\right)^2$. 由 (10.12) 可知 $\max_{|x|=r}\psi(x)$ 是 $r \in (0,+\infty)$ 的常值函数, 再由次调和函数的强最大值原理可知 ψ 是 $\mathbb{R}^2$ 上常值函数. 从而由 (10.11) 可得 $K \equiv 0$. 最后, 由 $K = H = 0$, 以及 6.4 节可知 $\nu_\phi = \dfrac{(-f_1,-f_2,1)^{\mathrm{T}}}{\sqrt{1+f_1^2+f_2^2}}$ 是常向量, 即 f_1, f_2 是常数. 从而 f 是线性函数. #

练习 10.1 记 $B_r = \{u \in \mathbb{R}^2 \mid |u| < r\}$, $0 < r \leqslant +\infty$, 设 $f \in C^\infty(B_r)$ 的图有常平均曲率 H, 证明:

(1) $H \leqslant \dfrac{1}{r}$;

(2) 当 $r = +\infty$ 时, f 是线性函数 (提示: 利用 (6.1), 并在 B_r 上用散度定理).

10.2 极小曲面与复分析

设 $\phi : D \to \mathbb{R}^3$ 是正则参数化的曲面 ($D \subseteq \mathbb{R}^2$ 是开区域). 记 $z = u^1 + \sqrt{-1}u^2 \in D$, 并记

$$\partial_z = \frac{1}{2}(\partial_{u^1} - \sqrt{-1}\partial_{u^2}), \quad \partial_{\bar{z}} = \frac{1}{2}(\partial_{u^1} + \sqrt{-1}\partial_{u^2}),$$

由定义可知

$$\partial_z\partial_{\bar{z}} = \frac{1}{4}(\partial_{u^1}^2 + \partial_{u^2}^2).$$

对 $a, b \in \mathbb{C}^3$, 记

$$a \cdot b = \sum_{i=1}^{3} a^i b^i,$$

其中 $a^i, b^i (i=1,2,3)$ 分别是 a, b 的分量.

10.2.1 Weierstrass 数据

我们定义 ϕ 的 Weierstrass 数据为

$$\Phi = \partial_z \phi : D \to \mathbb{C}^3,$$

由定义可知

$$\Phi \cdot \Phi = \frac{g_{11} - g_{22}}{4} + \frac{\sqrt{-1} g_{12}}{2}, \tag{10.13}$$

$$\Phi \cdot \bar{\Phi} = |\Phi|^2 = \frac{g_{11} + g_{22}}{4}, \tag{10.14}$$

$$\Phi \times \bar{\Phi} = \frac{\sqrt{-1}}{2} \phi_1 \times \phi_2, \tag{10.15}$$

其中 $\bar{\Phi}$ 表示对 Φ 的每个分量取复共轭. 由 (10.13) 可知

$$\phi\text{是共形参数化} \Leftrightarrow \Phi \cdot \Phi = 0. \tag{10.16}$$

以下设 ϕ 是共形参数化, 此时有

$$g_{11} \xlongequal{(10.14)} 2|\Phi|^2, \tag{10.17}$$

$$K \xlongequal{9.1.2\text{小节}} -\frac{\partial_z \partial_{\bar{z}} \log |\Phi|^2}{|\Phi|^2}, \tag{10.18}$$

$$\nu \xlongequal{(10.15)} \frac{-\sqrt{-1}}{|\Phi|^2} \Phi \times \bar{\Phi}. \tag{10.19}$$

10.2.2 共形参数化曲面的 Weierstrass 数据

当 ϕ 是共形参数化曲面时, $H \equiv 0$ 有如下等价刻画.

引理 10.2 设 ϕ 是共形参数化, 则 ϕ 极小 $\Leftrightarrow \Phi : D \to \mathbb{C}^3$ 是全纯映射. 此外当 ϕ 极小时,

$$K = -\frac{|\Phi \times \partial_z \Phi|^2}{|\Phi|^6}, \tag{10.20}$$

并且当 D 单连通时,

$$\phi = 2\mathrm{Re}\int \Phi(z)dz. \tag{10.21}$$

证明 由 (5.30),

$$2H\nu = \frac{\phi_{11}+\phi_{22}}{g_{11}} = \frac{4\partial_z\partial_{\bar z}\phi}{g_{11}} = \frac{4\partial_{\bar z}\Phi}{g_{11}},$$

从而

$$H \equiv 0 \Leftrightarrow \partial_{\bar z}\Phi \equiv 0.$$

由 Lagrange 恒等式,

$$\partial_z\partial_{\bar z}\log|\Phi|^2 = \frac{|\Phi|^2\ |\partial_z\Phi|^2 - |\Phi\cdot\overline{\partial_z\Phi}|^2}{|\Phi|^4} = \frac{|\Phi\times\partial_z\Phi|^2}{|\Phi|^4},$$

将这个等式代入 (10.18) 即得 (10.20). 由定义可知

$$\begin{aligned}\partial_z\left(2\mathrm{Re}\int\Phi(z)dz\right) &= \partial_z\left(\int\Phi(z)dz + \overline{\int\Phi(z)dz}\right)\\ &= \partial_z\int\Phi(z)dz = \Phi(z) = \partial_z\phi.\end{aligned}$$

类似地, $\partial_{\bar z}\left(2\mathrm{Re}\int\Phi(z)dz\right) = \partial_{\bar z}\phi$, 于是 (10.21) 成立. #

注 (10.21) 中的单连通条件是为了保证 Φ 在 D 上存在原函数.

练习 10.2 证明: 极小曲面的 Gauss 曲率要么恒为零, 要么仅有离散零点.

10.2.3 Weierstrass 数据的亚纯函数表示

Weierstrass 数据 $\Phi: D\to\mathbb{C}^3$ 有三个分量, 当 $\phi: D\to\mathbb{R}^3$ 是共形参数化的极小曲面时, Weierstrass 数据 Φ 可由两个独立亚纯函数表示.

引理 10.3 ϕ 是共形参数化的极小曲面当且仅当存在 D 上全纯函数 F 和亚纯函数 G 使得

$$\partial_z\phi = \left(\frac{1}{2}F(1-G^2), \frac{\sqrt{-1}}{2}F(1+G^2), FG\right)^{\mathrm{T}}.$$

证明 "⇒" 由 10.2.1 小节和 10.2.2 小节可知 $\Phi := \partial_z \phi$ 全纯且 $\Phi \cdot \Phi \equiv 0$. 若 $\Phi^3 \equiv 0$, 可取 $G = 0, F = 2\Phi^1$ (实际上, 此时 $\phi^3 =$ 常数, $\phi(D)$ 是平面). 若 $\Phi^3 \not\equiv 0, \Phi \cdot \Phi \equiv 0$, 则有

$$\Phi^3 = (\Phi^1 - \sqrt{-1}\Phi^2)\frac{\Phi^1 + \sqrt{-1}\Phi^2}{-\Phi^3}.$$

取

$$F = \Phi^1 - \sqrt{-1}\Phi^2, \quad G = -\frac{\Phi^1 + \sqrt{-1}\Phi^2}{\Phi^3}.$$

由定义可知 F, G 即为满足条件的函数.

"⇐" 因为 $\Phi := \partial_z \phi$ 全纯且 $\Phi \cdot \Phi \equiv 0$, 由 10.2.1 小节和 10.2.2 小节可知 ϕ 是共形参数化的极小曲面. #

10.2.4 Weierstrass 表示

有了以上准备, 现在可以给出共形极小曲面的 Weierstrass 表示.

定理 10.2 若 $D \subseteq \mathbb{R}^2$ 是单连通开区域, $\phi : D \to \mathbb{R}^3$ 是共形参数化的极小曲面, 则存在 D 上全纯函数 F 和亚纯函数 G 使得

(i) $\phi = \mathrm{Re}\left(\int F(1-G^2), \sqrt{-1}\int F(1+G^2), 2\int FG\right)^{\mathrm{T}}$;

(ii) $g_{11} = |F|^2(1+|G|^2)^2$;

(iii) $K = \dfrac{-4|G'|^2}{|F|^2(1+|G|^2)^2}$;

(iv) $\nu = \psi \circ G : \Omega \to S^2 \backslash \{(0,0,1)\}$, 其中 $\psi : \mathbb{C} \xrightarrow{\simeq} S^2 \backslash \{(0,0,1)\}$ 是球极投影, 即 $\psi(z) := \dfrac{1}{1+|z|^2}\left(2\mathrm{Re}z, 2\mathrm{Im}z, |z|^2 - 1\right), z \in \mathbb{C}$.

证明 10.2.2 小节和 10.2.3 小节 ⇒ (i). 其余的 (ii),(iii),(iv) 分别由 (10.17),(10.20),(10.19) 得到. #

借助于 (i), 我们构造极小曲面的例子:

取 $D = \mathbb{C}, F(z) = \dfrac{e^z}{2}, G(z) = e^{-z}$, 则得到极小曲面

$$\phi(u) = (\cosh u^1 \cos u^2, \cosh u^1 \sin u^2, u^1)^{\mathrm{T}},$$

即 6.6.2 小节中的悬链面.

取 $D=\mathbb{C}, F(z)=\dfrac{e^z}{2\sqrt{-1}}, G(z)=e^{-z}$, 则得到极小曲面

$$\phi(u)=(\sinh u^1\sin u^2, \sinh u^1\cos u^2, u^2)^{\mathrm{T}},$$

这个极小曲面被称为正螺旋面 (图 10.1), 它与上述悬链面有相同第一基本型和单位法向量 ν. 由 $\phi(u)=\sinh u^1(\sin u^2,\cos u^2,0)^{\mathrm{T}}+(0,0,u^2)^{\mathrm{T}}$ 可知正螺旋面是直纹面.

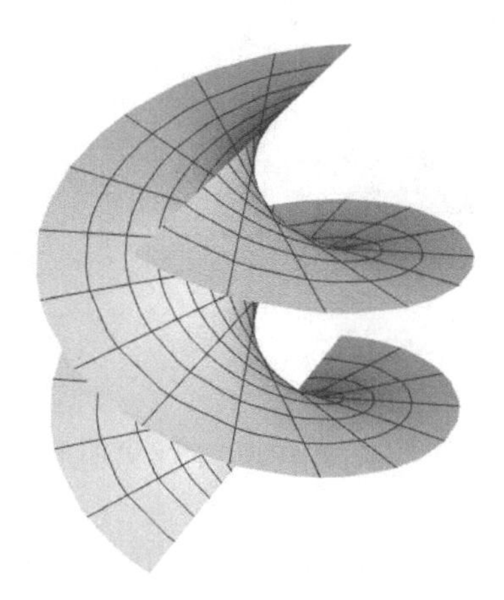

图 10.1 正螺旋面

取 $D=\mathbb{C}, F(z)=1, G(z)=z$ 则得到 Enneper 极小曲面 (图 10.2)

$$\phi(u)=\left(u^1+u^1(u^2)^2-\frac{1}{3}(u^1)^3, -u^2-(u^1)^2u^2+\frac{1}{3}(u^2)^3, (u^1)^2-(u^2)^2\right)^{\mathrm{T}}.$$

取 $D=\mathbb{C}, F(z)=\dfrac{1}{2}(1-e^{\sqrt{-1}z}), G(z)=\dfrac{2\sinh\left(\dfrac{-\sqrt{-1}}{2}z\right)}{1-e^{\sqrt{-1}z}}$, 则得到 Catalan 极小曲面 (图 10.3)

$$\phi(u)=\left(u^1-\sin u^1\cosh u^2, 1-\cos u^1\cosh u^2, 4\sin\frac{u^1}{2}\sinh\frac{u^2}{2}\right)^{\mathrm{T}}.$$

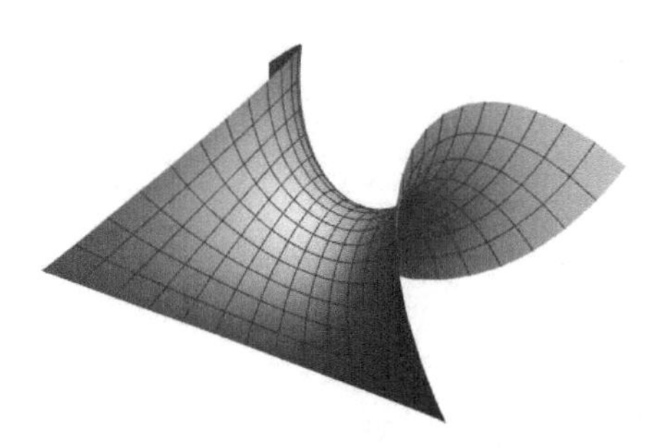

图 10.2 Enneper 极小曲面

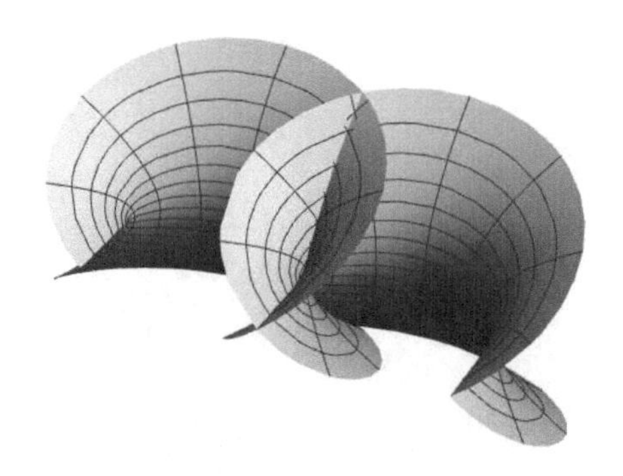

图 10.3 Catalan 极小曲面

由定理 10.2 中的 (iv) 和全纯函数的 Liouville 定理可重新得到 10.1 节中的 Bernstein 定理. Weierstrass 表示建立了微分几何与函数论之间的一座桥梁. 事实上, 利用复分析的方法可以证明更深刻的定理 [3].

第 11 章　曲面的整体描述

我们将在本章中讨论整体曲面论. 由于前面引入的几何量都不依赖于参数化的选取, 这保证了我们可以将前面定义过的 (局部) 几何量拼接成整体几何量并用来讨论曲面的整体几何与拓扑.

11.1　$\mathbb{R}^3$ 中的曲面

定义 11.1　设 $\Sigma \subseteq \mathbb{R}^3$ 是一个连通子集, 如果存在 Σ 的开覆盖 $\Sigma = \bigcup_{\lambda\in\Lambda} \Sigma_\lambda$ 满足: 对任何 $\lambda \in \Lambda$, 存在开区域 $D_\lambda \in \mathbb{R}^2$ 和正则参数化曲面 $\phi_\lambda : D_\lambda \to \mathbb{R}^3$ 使得 ϕ_λ 是单射且 $\Sigma_\lambda = \phi_\lambda(D_\lambda)$, 则称 Σ 为 $\mathbb{R}^3$ 中的**曲面**, 并称 $\{(\Sigma_\lambda, \phi_\lambda)\}_{\lambda\in\Lambda}$ 为 Σ 的**坐标覆盖**, 称每个 ϕ_λ 为 Σ 的**坐标表示**.

由练习 5.1 可知:

(i) $\phi_\lambda : D_\lambda \to \Sigma_\lambda$ 是同胚.

(ii) 当 $\Sigma_{\lambda\mu} := \Sigma_\lambda \cap \Sigma_\mu \neq \varnothing$ 时,

$$\phi_{\mu\lambda} := \phi_\mu^{-1} \circ \phi_\lambda : \phi_\lambda^{-1}(\Sigma_{\lambda\mu}) \to \phi_\mu^{-1}(\Sigma_{\lambda\mu})$$

是光滑同胚, 其中 ϕ_λ^{-1} 是 $\phi_\lambda : D_\lambda \to \Sigma_\lambda$ 的逆映射.

练习 11.1　证明: $\left\{x \in \mathbb{R}^3 \;\middle|\; x_3^2 = x_1x_2\right\} \subseteq \mathbb{R}^3$ 不是 $\mathbb{R}^3$ 中的曲面.

我们称函数 $f : \Sigma \to \mathbb{R}$ 为**光滑函数**是指对任何 $\lambda \in \Lambda$, $f \circ \phi_\lambda \in C^\infty(D_\lambda)$; 称映射 $\xi : \Sigma \to \mathbb{R}^3$ 为光滑映射是指 ξ 的分量均是 Σ 上的光滑函数.

设 M 也是 $\mathbb{R}^3$ 中的曲面, $\{(M_{\lambda'}, \psi_{\lambda'})\}_{\lambda'\in\Lambda'}$ 是 M 的坐标覆盖. 设 $F : \Sigma \to M$ 是连续映射, 若对任何 $\lambda' \in \Lambda', \lambda \in \Lambda$, 当 $F(\Sigma_\lambda) \cap M_{\lambda'} \neq \varnothing$

时

$$\psi_{\lambda'}^{-1} \circ F \circ \phi_\lambda : \phi_\lambda^{-1}(F^{-1}(M_{\lambda'}) \cap \Sigma_\lambda) \to \mathbb{R}^2$$

是光滑映射, 则称 $F : \Sigma \to M$ 是**光滑映射**. 如果 F 可逆并且 $F^{-1} : M \to \Sigma$ 也是光滑映射, 则称 F 是**光滑同胚**, 并称 Σ 光滑同胚于 M.

练习 11.2 证明: 映射 $F : \Sigma \to M$ 是光滑映射当且仅当 $F : \Sigma \to \mathbb{R}^3$ 是光滑映射并且 $F(\Sigma) \subseteq M$.

设 $x \in \Sigma$, 取 $\lambda \in \Lambda$ 使得 $x \in \Sigma_\lambda$, 则存在唯一 $u_\lambda \in D_\lambda$ 使得 $\phi_\lambda(u_\lambda) = x$. 由 (5.11)′ 可知

$$T_x\Sigma := T_{u_\lambda}\phi_\lambda$$

与 $\lambda \in \Lambda$ 的选取无关, 称 $T_x\Sigma$ 为 Σ 在 x 处的**切空间**. 记

$$\mathfrak{X}(\Sigma) = \{\text{光滑映射 } \xi : \Sigma \to \mathbb{R}^3 | \xi(x) \in T_x\Sigma, x \in \Sigma\},$$

我们称 $\xi \in \mathfrak{X}(\Sigma)$ 为 Σ 上的**光滑切向量场**. 若光滑映射 $\xi : \Sigma \to \mathbb{R}^3$ 满足 $\xi(x) \perp T_x\Sigma (x \in \Sigma)$, 则称 ξ 为 Σ 的**光滑法向量场**. 给定 Σ 的一个坐标表示 $\phi_\lambda : D_\lambda \to \Sigma_\lambda$, 对任何映射 $X : \Sigma_\lambda \to \mathbb{R}^3$ 有: $X \in \mathfrak{X}(\Sigma_\lambda)$ 当且仅当 $X \circ \phi_\lambda \in \mathfrak{X}(\phi_\lambda)$, 其中 $\mathfrak{X}(\phi_\lambda)$ 的定义见 5.5 节.

练习 11.3 证明: Möbius 带 (定义见 6.3.2 小节) 是 $\mathbb{R}^3$ 中的曲面.

11.2 $\mathbb{R}^3$ 中的可定向曲面

若在 11.1 节的曲面定义中进一步要求: 当 $\Sigma_{\lambda\mu} \neq \varnothing$ 时, $\phi_{\mu\lambda} : \phi_\lambda^{-1}(\Sigma_{\lambda\mu}) \to \phi_\mu^{-1}(\Sigma_{\lambda\mu})$ 是保定向的 (即 Jacobi 行列式处处为正), 则称该曲面 Σ 是**可定向曲面**, 称 $\{(\Sigma_\lambda, \phi_\lambda)\}_{\lambda\in\Lambda}$ 为 Σ 的**定向坐标覆盖**, 并称每个 ϕ_λ 为 Σ 的**定向坐标表示**.

命题 11.1 曲面 Σ 可定向当且仅当 Σ 上有处处非零的光滑法向量场.

证明 先设曲面可定向, 由 (5.13)$'$, $\nu_{\phi_\lambda}\circ\phi_\lambda^{-1}=\nu_{\phi_\mu}\circ\phi_\mu^{-1}$ 在 $\Sigma_{\lambda\mu}$ 上成立, 从而存在光滑法向量场 ν 使得

$$\nu|_{\Sigma_\lambda}=\nu_{\phi_\lambda}\circ\phi_\lambda^{-1},\quad \lambda\in\Lambda. \tag{11.1}$$

反过来, 设曲面上有处处非零的光滑法向量场并取定这样一个法向量场 ν. 任取 Σ 的参数表示 $\phi_\lambda: D_\lambda\to\Sigma_\lambda$, 至多考虑参数变换 $\phi_\lambda\circ\sigma$, 其中

$$\begin{aligned}\sigma:\ \ & D_\lambda\to\bar{D}_\lambda:=\{(u^1,u^2)|(u^1,-u^2)\in D_\lambda\}\\ & (u^1,u^2)\mapsto(u^1,-u^2),\end{aligned}$$

可设

$$\nu_{\phi_\lambda}\cdot\nu\circ\phi_\lambda>0. \tag{11.2}$$

由 (11.2) 可知: 当 $\Sigma_{\lambda\mu}\neq\varnothing$ 时,

$$\nu_{\phi_\lambda}\cdot\nu_{\phi_\mu}\circ\phi_{\mu\lambda}>0.$$

再由 (5.13) 可知 $\phi_{\mu\lambda}$ 的 Jacobi 行列式处处取正值. #

我们称由 (11.1) 式定义的光滑映射 $\nu:\Sigma\to S^2$($\mathbb{R}^3$ 中的单位球面) 为曲面 Σ 的 **Gauss 映射**.

设 $\Omega\subseteq\mathbb{R}^3$ 是开集, $\varphi\in C^\infty(\Omega), r\in\mathbb{R}$. 若对任何 $x\in\varphi^{-1}(r),\varphi$ 在 x 处的梯度 $\nabla\varphi(x)\neq 0$, 则由隐函数定理可知 $\varphi^{-1}(r)$ 的连通分支是 $\mathbb{R}^3$ 中的曲面. 由于 $\nabla\varphi$ 是 $\varphi^{-1}(r)$ 的法向量场, 根据上述命题可知 $\varphi^{-1}(r)$ 的连通分支是可定向曲面. 特别地, 取 $\Omega=\mathbb{R}^3,\varphi(x)=|x|^2,r=1$ 可知单位球面 S^2 是 $\mathbb{R}^3$ 中可定向曲面. 实际上, 可用 8.4.3 小节中的球极投影给出 S^2 的定向坐标覆盖:

$$\begin{aligned}& S^2=\Sigma_+\cup\Sigma_-,\quad \Sigma_\pm=S^2\setminus\{(0,0,\mp1)\},\\ & \phi_+:\mathbb{R}^2\to\Sigma_+\\ & \qquad u=(u^1,u^2)\mapsto\left(\frac{2u^1}{1+|u|^2},\frac{-2u^2}{1+|u|^2},\frac{1-|u|^2}{1+|u|^2}\right)^{\mathrm{T}},\end{aligned}$$

$$\begin{aligned}\phi_-:\mathbb{R}^2&\to\Sigma_-\\ v=(v^1,v^2)&\mapsto\left(\frac{2v^1}{1+|v|^2},\frac{2v^2}{1+|v|^2},\frac{|v|^2-1}{1+|v|^2}\right)^{\mathrm{T}},\end{aligned}$$

则

$$\begin{aligned}\phi_-^{-1}\circ\phi_+:\ \ \mathbb{R}^2\setminus\{(0,0)\}&\to\mathbb{R}^2\setminus\{(0,0)\}\\ u&\mapsto\frac{(u^1,-u^2)}{|u|^2}.\end{aligned}$$

由于$\det\dfrac{\partial v}{\partial u}=\dfrac{1}{|u|^4}>0$, 上述坐标覆盖给出了 S^2 的可定向曲面结构. 若记 $\zeta=v^1+\sqrt{-1}v^2, z=u^1+\sqrt{-1}u^2$, 则 $\phi_-^{-1}\circ\phi_+$ 可表示为

$$\begin{aligned}\mathbb{C}\setminus\{0\}&\to\mathbb{C}\setminus\{0\}\\ z&\mapsto\zeta=\frac{1}{z}.\end{aligned}\tag{11.3}$$

更一般地, 由 Jordan-Brouwer 分离定理可知: 对 $\mathbb{R}^3$ 中紧曲面 Σ, $\mathbb{R}^3\setminus\Sigma$ 恰有两个连通分支 (一个有界区域和一个无界区域). 由此可知 Σ 上有光滑处处非零的法向量场, 从而 Σ 可定向.

练习 11.4　证明 Möbius 带 (定义见 6.3.2 小节) 是 $\mathbb{R}^3$ 中的不可定向曲面.

11.3　共形坐标覆盖

设 Σ 是 $\mathbb{R}^3$ 中的可定向曲面, 由 8.4.2 小节可知: 存在 Σ 的定向坐标覆盖 $\{(\Sigma_\lambda,\phi_\lambda)\}_{\lambda\in\Lambda}$ 使得 $\phi_\lambda:D_\lambda\to\mathbb{R}^3$ 是共形参数化. 记 D_λ 中的点 $u_\lambda=(u_\lambda^1,u_\lambda^2), z_\lambda=u_\lambda^1+\sqrt{-1}u_\lambda^2$, 由命题 8.2 可知: 当 $\Sigma_{\lambda\mu}\neq\varnothing$ 时, $z_\mu=\phi_{\mu\lambda}(z_\lambda)$ 是 $\phi_\lambda^{-1}(\Sigma_{\lambda\mu})\subseteq\mathbb{C}$ 上的全纯函数. 我们称这样的 $\{(\Sigma_\lambda,\phi_\lambda)\}_{\lambda\in\Lambda}$ 为 Σ 的**共形坐标覆盖**.

设 M 也是 $\mathbb{R}^3$ 中可定向曲面, $\{(M_{\lambda'},\psi_{\lambda'})\}_{\lambda'\in\Lambda'}$ 是 M 的共形坐标覆盖. $F:\Sigma\to M$ 是连续映射, 若对任何 $\lambda'\in\Lambda',\lambda\in\Lambda$, 当 $F(\Sigma_\lambda)\cap M_{\lambda'}\neq$

$\varnothing$ 时, $\psi_{\lambda'}^{-1} \circ F \circ \phi_\lambda$ 在 $\phi_\lambda^{-1}(F^{-1}(M_{\lambda'}) \cap \Sigma_\lambda)$ 上全纯, 则称 $F : \Sigma \to M$ 是**全纯映射**. 如果 F 可逆并且 $F^{-1} : M \to \Sigma$ 也是全纯映射, 则称 F 是**双全纯映射**, 并称 Σ 双全纯等价于 M. 由命题 8.2 可知全纯映射 $F : \Sigma \to M$ 必是保定向的, 即对 $\psi_{\lambda'}^{-1} \circ F \circ \phi_\lambda$ 的 Jacobi 行列式均处处为正 $(\lambda' \in \Lambda', \lambda \in \Lambda)$.

11.4 曲面的几何量

设 Σ 为 $\mathbb{R}^3$ 中可定向曲面, 并取定一个定向坐标覆盖 $\{(\Sigma_\lambda, \phi_\lambda)\}_{\lambda\in\Lambda}$. 对任何 $x \in \Sigma$, 记 $\mathrm{I}_{\Sigma,x}$ 为 $T_x\Sigma$ 作为 $\mathbb{R}^3$ 的子空间的诱导内积. 由定义可知, 对任何满足 $x \in \Sigma_\lambda$ 的 $\lambda \in \Lambda$,

$$\mathrm{I}_{\Sigma,x} = \mathrm{I}_{\phi_\lambda, u_\lambda},$$

其中 $u_\lambda := \phi_\lambda^{-1}(x) \in D_\lambda$, 称 $\mathrm{I}_{\Sigma,x}$ 为 Σ 在 x 处的**第一基本型**.

由 (5.14)$'$ 可知, 对任何 $x \in \Sigma$,

$$\mathrm{II}_{\Sigma,x} := \mathrm{II}_{\phi_\lambda, u_\lambda}$$

作为 $T_x\Sigma$ 上的二次型与满足 $x \in \Sigma_\lambda$ 的 $\lambda \in \Lambda$ 选取无关, $u_\lambda := \phi_\lambda^{-1}(x)$, 称为 Σ 在 x 处的**第二基本型**.

类似地, 可定义 Σ 在 x 处的 **Weingarten 变换**

$$W_{\Sigma,x} := W_{\phi_\lambda, u_\lambda} \quad (u_\lambda = \phi_\lambda^{-1}(x) \in D_\lambda).$$

于是, 可以进一步定义 Σ 的 **Gauss 曲率** K_Σ和**平均曲率** H_Σ 使得

$$K_\Sigma \circ \phi_\lambda = K_{\phi_\lambda}, \qquad H_\Sigma \circ \phi_\lambda = H_{\phi_\lambda}, \qquad \lambda \in \Lambda, \tag{11.4}$$

以及 Σ 的**主曲率**

$$k_1 \leqslant k_2 : k_{1,2} = H_\Sigma \pm \sqrt{H_\Sigma^2 - K_\Sigma} \quad \text{(Weingarten 变换的特征值)}.$$

由定义可知: H_Σ, K_Σ 是 Σ 上的光滑函数, k_1, k_2 是 Σ 上的连续函数,

$$k_i \circ \phi_\lambda = k_{i,\phi_\lambda}, \quad i = 1, 2, \quad \lambda \in \Lambda. \tag{11.5}$$

若 $H_\Sigma \equiv 0$, 则称 Σ 为**极小曲面**. 由 (11.3) 和 10.2.4(iv) 可知: 若 Σ 是 $\mathbb{R}^3$ 中可定向的极小曲面, 则 Gauss 映射 $\nu_\Sigma : \Sigma \to S^2$ 是全纯映射. 设 $\Sigma \subseteq \mathbb{R}^3$ 是紧曲面, 则存在 $P \in \Sigma$ 使得

$$|P| = \max_{Q \in \Sigma} |Q|,$$

由 5.6 节中的引理可知

$$K_\Sigma(P) \geqslant \frac{1}{|P|^2}. \tag{11.6}$$

从而 $\mathbb{R}^3$ 中不存在紧极小曲面.

练习 11.5 设 $\Sigma \subseteq \mathbb{R}^3$ 是紧曲面, 证明: $\nu_\Sigma(\Sigma_+) = S^2$, 其中 $\Sigma_+ := \{P \in \Sigma \mid K(P) \geqslant 0\}$.

练习 11.6 证明: 具有常平均曲率且双全纯等价于球面的紧曲面只能是球面 (提示: 利用上面的 (11.3) 式, 练习 9.3(i) 以及 $h_{11} - h_{22} - 2\sqrt{-1}h_{12} = 4\partial_z^2\phi \cdot \nu$).

练习 11.7 证明: 满足 $K > 0$ 且 H/K 为常数的紧曲面只能是球面 (提示: 利用练习 5.8).

在不会引起混淆的情况下, 我们省略 $\mathrm{I}_{\Sigma,x}, \mathrm{II}_{\Sigma,x}, K_\Sigma, H_\Sigma$ 中的下标 Σ.

11.5 球面刚性定理

我们在这一节中介绍一个关于 Gauss 曲率的整体结论, 即如下的 Liebmann 定理.

定理 11.1 设 $\Sigma \subseteq \mathbb{R}^3$ 是紧曲面, 若 Gauss 曲率为常数则 Σ 是 $\mathbb{R}^3$ 中的球面.

证明 由 6.4 节, 只要证明 Σ 是全脐点曲面, 即 $k_1 \equiv k_2$. 由 Σ 的紧性, 存在 $P \in \Sigma$ 使得

$$k_2(P) = \max_{\Sigma} k_2. \tag{11.7}$$

由 (11.6) 可知 K 为正常数, 从而

$$k_1(P) = \min_{\Sigma} k_1. \tag{11.8}$$

由 9.1.4 小节可知 $k_1(P) = k_2(P)$, 从而对任何 $Q \in \Sigma$,

$$k_2(Q) \overset{(11.7)}{\leqslant} k_2(P) = k_1(P) \overset{(11.8)}{\leqslant} k_1(Q) \leqslant k_2(Q). \qquad \#$$

这个定理告诉我们如果 $\mathbb{R}^3$ 中紧曲面具有和球面相同的第一基本型, 那么该曲面必为球面. 因此, 上述定理通常被称为球面的刚性定理.

11.6 整体 Gauss-Bonnet 公式

接下来, 我们讨论如何把 7.3 节中的局部 Gauss-Bonnet 公式拼接为整体 Gauss-Bonnet 公式, 其中的基本工具是紧曲面的三角剖分. 三角剖分包含了曲面的拓扑信息 (欧拉数), 而局部 Gauss-Bonnet 公式则提供了曲面的微分几何信息 (Gauss 曲率的积分), 把这些信息适当拼接起来就给出了紧曲面的拓扑与几何之间的关系, 这就是 Gauss-Bonnet 公式. 我们将在第 12 章中用微分几何方法构造出紧曲面的三角剖分. 在这一章中, 我们记 $\Sigma \subseteq \mathbb{R}^3$ 是紧曲面.

11.6.1 三角剖分与欧拉数

平面上的**曲边三角形区域**是指平面上由含三个顶点的分段正则简单闭曲线 (见第 4 章) 所围成的闭区域. 三个顶点将该简单闭曲线分成三条光滑曲线, 我们称这三条曲线为三角形区域的三条边.

由 T. Radó 的一个定理 (我们将在第 12 章给出证明) 可知

$$\Sigma = \bigcup_{\ell=1}^{f} T_\ell \quad (f \in \mathbb{Z}_{>0}),$$

其中 $\{T_\ell\}_{\ell=1}^{f}$ 满足

(i) 对任何 $1 \leqslant \ell \leqslant f$, 存在 Σ 的定向坐标表示 $\phi_\ell : D_\ell \to \Sigma$ 和一个曲边三角形区域 $\Delta_\ell \subseteq D_\ell$ 使得 $T_\ell = \phi_\ell(\Delta_\ell)$. 我们分别称 Δ_ℓ 的顶点、边关于 ϕ_ℓ 的像为 T_ℓ 的顶点和边.

(ii) 对任何 $1 \leqslant \ell \neq \ell' \leqslant f$, $T_\ell \cap T_{\ell'} = \varnothing$ 或 T_ℓ 与 $T_{\ell'}$ 有一个公共顶点, 或 T_ℓ 与 $T_{\ell'}$ 有一个公共边.

$\{T_\ell\}_{\ell=1}^{f}$ 被称为 Σ 的一个**三角剖分**, T_ℓ 被称为三角剖分的**面**, T_ℓ 的顶点和边分别被称为三角剖分的 **顶点**和**边** $(1 \leqslant \ell \leqslant f)$.

借助于三角剖分, 我们可以定义紧曲面上连续函数的积分. 对 Σ 上的连续函数 φ, 定义

$$\int_\Sigma \varphi dA := \sum_{\ell=1}^{f} \int_{\Delta_\ell} \varphi \circ \phi_\ell \sqrt{\det g_{\phi_\ell}} du_\ell^1 \wedge du_\ell^2.$$

由 (5.12) 可知上式右边不依赖于三角剖分的选取.

我们还可以利用三角剖分定义紧曲面的**欧拉数**. 取定 Σ 的一个三角剖分, 定义 Σ 的欧拉数 $\chi(\Sigma)$ 为

$$\chi(\Sigma) = \text{面的个数} - \text{边的个数} + \text{顶点的个数}.$$

由下面的 (11.9)(或者 11.6.3 小节中的整体 Gauss-Bonnet 公式) 可知 $\chi(\Sigma)$ 与三角剖分的选取无关. $\chi(\Sigma)$ 是 Σ 的拓扑不变量.

球面 S^2 的三角剖分如图 11.1, 从而 $\chi(S^2) = 8 - 12 + 6 = 2$. 环面 T^2 的三角剖分如图 11.2, 从而 $\chi(T^2) = 18 - 27 + 9 = 0$.

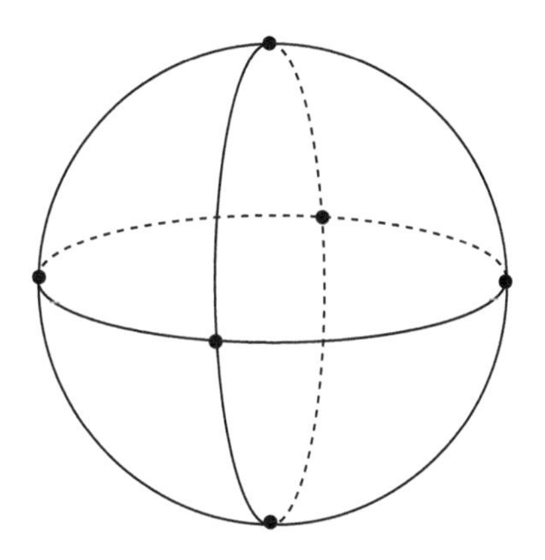

图 11.1 球面的三角剖分

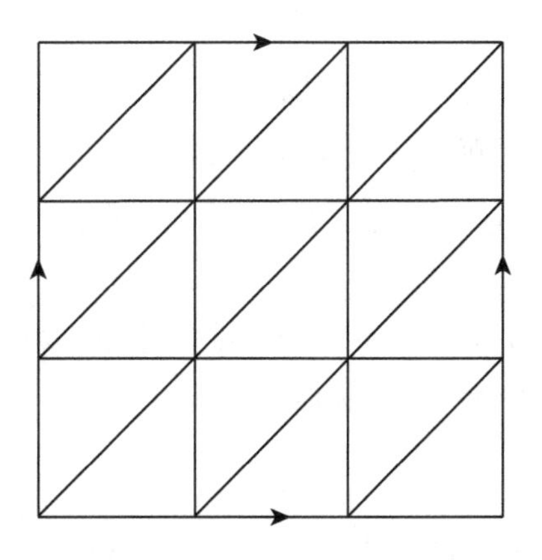

图 11.2 环面的三角剖分

11.6.2 亏格与欧拉数

由 (可定向) 曲面的分类定理可知: 存在唯一的 $g \in \mathbb{Z}_{\geqslant 0}$ 使得 Σ 可实现为在球面 S^2 上安装 g 个环柄得到的曲面, 其中在一个曲面上安装一个环柄是指从这个曲面和 T^2 上各自挖掉一个三角形区域然后再将剩下的部分沿切口粘贴起来. 我们称非负整数 g 为 Σ 的**亏格**.

设 Σ_g 为在球面上安装 g 个环柄得到的曲面, 则

$$\chi(\Sigma_0) = \chi(S^2) = 2.$$

分别取定 Σ_g 和 T^2 的三角剖分, 并分别记各自的面数、边数、顶点数为 f, e, v 和 f', e', v'. 在各自的三角剖分中取出一个面来进行安装, 于是

$$\begin{aligned}\chi(\Sigma_{g+1}) &= (f-1+f'-1)-(e+e'-3)+(v+v'-3)\\ &= \chi(\Sigma_g)+\chi(T^2)-2\\ &= \chi(\Sigma_g)-2.\end{aligned}$$

这就证明了

$$\chi(\Sigma_g) = 2-2g, \qquad g\in\mathbb{Z}_{\geqslant 0}. \tag{11.9}$$

11.6.3 整体 Gauss-Bonnet 公式的证明

有了以上准备, 我们现在可以叙述并证明整体 Gauss-Bonnet 公式. 这个公式反映了紧曲面的几何与拓扑 (欧拉数) 之间的深刻联系.

定理 11.2 对任何紧曲面 $\Sigma\subseteq\mathbb{R}^3$ 有 $\displaystyle\int_\Sigma KdA = 2\pi\chi(\Sigma)$.

证明 取定 Σ 的一个三角剖分 $\Sigma = \bigcup_{\ell=1}^f T_\ell$, 记三角剖分的边数、顶点数分别为 e, v. 由 (7.9) 和 (11.4) 可知

$$\int_{\Delta_\ell} K\circ\phi_\ell\sqrt{\det g_{\phi_\ell}}du_\ell^1\wedge du_\ell^2 + \int_{\partial\Delta_\ell}\kappa_g(s)ds + \sum_{i=1}^3\theta_{\ell i} = 2\pi, \tag{11.10}$$

其中 $\theta_{\ell 1},\theta_{\ell 2},\theta_{\ell 3}$ 是 ∂T_ℓ 的三个外角,$1\leqslant\ell\leqslant f$.

由于三角剖分的每个边是两个面的公共边, 且两个面在公共边上诱导相反的定向, 将 (11.10) 关于 ℓ 作和可得

$$\int_\Sigma KdA + \sum_{\ell=1}^f\sum_{i=1}^3\theta_{\ell i} = 2f\pi. \tag{11.11}$$

记 $\alpha_{\ell i} = \pi-\theta_{\ell i}$ 为 ∂T_ℓ 的内角, $1\leqslant i\leqslant 3, 1\leqslant\ell\leqslant f$, 则

$$\sum_{\ell=1}^f\sum_{i=1}^3\theta_{\ell i} = 3f\pi - \sum_{\ell=1}^f\sum_{i=1}^3\alpha_{\ell i} = 3f\pi-2v\pi. \tag{11.12}$$

再次利用每个边均是两个面的公共边可得

$$3f = 2e. \tag{11.13}$$

将 (11.12), (11.13) 代入 (11.11) 即得

$$\int_{\Sigma} K dA = -f\pi + 2v\pi = 2\pi(f - e + v) = 2\pi\chi(\Sigma). \qquad \#$$

由 Gauss-Bonnet 公式和 (11.9) 式可知: 任何具有非负 Gauss 曲率的紧曲面均同胚于球面.

作为 Gauss-Bonnet 公式的一个应用, 我们接下来讨论关于曲面凸性的 Hadamard 定理. 如果 $\mathbb{R}^3$ 中的曲面位于它的任一切平面 $x + T_x\Sigma(x \in \Sigma)$ 的一侧, 那么我们称该曲面为**凸曲面**.

练习 11.8 证明：在不同胚于球面的紧曲面上, 高斯曲率取到正值、负值和零. 判断该结论的逆命题是否成立.

引理 11.1 如果紧曲面 Σ 的 Gauss 曲率处处为正, 则 Gauss 映射 $\nu : \Sigma \to S^2$ 是光滑同胚.

证明 由 $(5.2)'$ 式和反函数定理可知 $\nu : \Sigma \to S^2$ 是局部同胚, 从而是开映射. 再由 Σ 的紧性可知 $\nu(\Sigma)$ 在 S^2 中既开又闭, 从而 $\nu(\Sigma) = S^2$. 因为 $\nu : \Sigma \to S^2$ 是局部同胚, 如果它不是单映射则存在非空开集 $U \subseteq \Sigma$ 使得 $\nu(\Sigma \setminus U) = S^2$, 由此可得

$$\begin{aligned} \int_{\Sigma} K dA &> \int_{\Sigma \setminus U} K dA \\ &\overset{(5.2)'}{\geqslant} \nu(\Sigma \setminus U)\text{的面积} \\ &= S^2\text{的面积} = 4\pi. \end{aligned}$$

但是, Gauss-Bonnet 公式告诉我们 $\int_{\Sigma} K dA = 4\pi$. 因此, $\nu : \Sigma \to S^2$ 是单映射. 最后, 由反函数定理可知 ν 的逆映射也是光滑映射. #

注 实际上, $\nu(\Sigma) = S^2$ 并不需要曲率条件, 这可以直接由 Σ 的紧性得到 (见练习 11.5).

如果紧曲面 Σ 不是凸曲面, 由 Σ 的紧性和凸曲面的定义可知存在两两不同的点 $P_1, P_2, P_3 \in \Sigma$ 使得 Σ 在这三点处的切平面两两平行. 从而存在 $1 \leqslant i \neq j \leqslant 3$ 满足 $\nu(P_i) = \nu(P_j)$, 这和上述引理矛盾. 这样, 我们就证明了如下 Hadamard 定理.

定理 11.3 $\mathbb{R}^3$ 中具有正 Gauss 曲率的紧曲面必为凸曲面.

11.6.4 向量场的指标公式

作为整体 Gauss-Bonnet 公式的应用, 我们可以建立紧曲面上向量场的指标与曲面欧拉数之间的关系.

11.6.4.1 向量场的指标

设 $x \in \Sigma, U$ 是 x 在 Σ 中的开邻域, $X \in \mathfrak{X}(U^*)$ 是处处非零的向量场, 其中 $U^* := U \setminus \{x\}$. 任取 Σ 的坐标系 $\phi : D \to \mathbb{R}^3$ 使得 $\phi(D) \subseteq U, \phi(u_0) = x$, 定义

$$\mathrm{Ind}_x X := \mathrm{Ind}(X \circ \phi),$$

其中 $\mathrm{Ind}(X \circ \phi)$ 是 $X \circ \phi \in \mathfrak{X}(\phi^*)$ 的指标 (定义见 7.4.1 小节). 由 (7.15), (11.16) 可知 $\mathrm{Ind}X$ 不依赖于坐标表示 $\phi : D \to \mathbb{R}^3$ 的选择.

11.6.4.2 Poincaré-Hopf 指标公式

设 $x_1, \cdots, x_p$ 为 Σ 上 p 个不同的点, $X \in \mathfrak{X}(\Sigma \setminus \{x_\ell\}_{\ell=1}^p)$ 为处处非零的向量场. 取三角剖分 $\Sigma = \bigcup_{\ell=1}^f T_\ell$ 使得 x_ℓ 是 T_ℓ 的内点 $(1 \leqslant \ell \leqslant p)$, 则

$$2\pi \sum_{\ell=1}^p \mathrm{Ind}_{x_\ell} X \xlongequal{(7.13)} \sum_{\ell=1}^f \left(\int_{\partial \Delta_\ell} \alpha_{\frac{X \circ \phi_\ell}{|X \circ \phi_\ell|}} + \int_{\Delta_\ell} K_{\phi_\ell} \sqrt{\det g_{\phi_\ell}} du_\ell^1 \wedge du_\ell^2 \right)$$

$$= -\sum_{\ell=1}^{f} \int_{\partial T_\ell} \alpha_{\frac{X}{|X|}} + \int_\Sigma K dA$$
$$= \int_\Sigma K dA, \tag{11.14}$$

其中最后一个等号是因为三角剖分的每个边恰好是两个面的公共边, 且两个面在公共边上诱导相反的定向. 再由 Gauss-Bonnet 公式即得如下 **Poincaré-Hopf 指标公式**

$$\sum_{\ell=1}^{p} \mathrm{Ind}_{x_\ell} X = \chi(\Sigma).$$

由 Poincaré-Hopf 指标公式和 (11.9) 可知: 任何具有处处非零的光滑切向量场的紧曲面均同胚于环面.

11.7 亚纯微分

设 $\{(\Sigma_\lambda, \phi_\lambda)\}_{\lambda\in\Lambda}$ 是可定向曲面 Σ 的共形坐标覆盖, 记号同 11.3 节中 Σ 上的一个 **亚纯微分**是指满足如下条件 (11.15) 的 $\omega = \{\omega_\lambda\}_{\lambda\in\Lambda}$:

$$\omega_\lambda 是 z_\lambda \in D_\lambda 的亚纯函数, \omega_\lambda \circ \phi_\lambda^{-1} = \frac{\omega_\mu}{\frac{d\phi_{\lambda\mu}}{dz_\mu}} \circ \phi_\mu^{-1} 在 \Sigma_{\lambda\mu} 上成立, \tag{11.15}$$

其中 $\lambda, \mu \in \Lambda$. 对 $x \in \Sigma$, 取 $\lambda \in \Lambda$ 使得 $x \in \Sigma_\lambda$, 定义

$$\mathrm{ord}_x \omega = \mathrm{ord}_{\phi_\lambda^{-1}(x)} \omega_\lambda,$$

其中右边的 ord 表示取亚纯函数的 Laurent 展开中出现的最低次数. 由 (11.15) 可知上式右端不依赖于 λ 的选取. 定义

$$P_\omega := \{x \in \Sigma | \mathrm{ord}_x \omega < 0\}, \quad Z_\omega := \{x \in \Sigma | \mathrm{ord}_x \omega > 0\}.$$

P_ω 和 Z_ω 分别被称为 ω 的极点集和零点集. 若 $\omega \neq 0$, 由亚纯函数的唯一性可知 $P_\omega \cup Z_\omega$ 是 Σ 中离散子集. 若进一步设 Σ 是紧曲面, 则 $P_\omega \cup Z_\omega$

是有限集, 此时我们定义亚纯微分的度

$$\deg \omega := \sum_{x\in\Sigma} \mathrm{ord}_x\omega.$$

若 $P_\omega = \varnothing$, 则称 ω 是 Σ 上**全纯微分**. 由定义 $\phi_\mu = \phi_\lambda \circ \phi_{\lambda\mu}$ 可得

$$\partial_{z_\mu}\phi_\mu = \frac{d\phi_{\lambda\mu}}{dz_\mu}(\partial_{z_\lambda}\phi_\lambda)\circ\phi_{\lambda\mu} = \left(\frac{\partial_{z_\lambda}\phi_\lambda}{\dfrac{d\phi_{\mu\lambda}}{dz_\lambda}}\right)\circ\phi_{\lambda\mu},$$

即

$$\left(\frac{\partial_{z_\mu}\phi_\mu}{\dfrac{d\phi_{\lambda\mu}}{dz_\mu}}\right)\circ\phi_\mu^{-1} = (\partial_{z_\lambda}\phi_\lambda)\circ\phi_\lambda^{-1}\text{在}\Sigma_{\lambda\mu}\text{上成立}. \tag{11.16}$$

由 (11.15),(11.16) 可知在 $\Sigma_{\lambda\mu}\setminus(P_\omega\cup Z_\omega)$ 上

$$(\omega_\lambda^{-1}\partial_{z_\lambda}\phi_\lambda)\circ\phi_\lambda^{-1} = (\omega_\mu^{-1}\partial_{z_\mu}\phi_\mu)\circ\phi_\mu^{-1},$$

在上式两边取实部,

$$\begin{aligned}&\left((\mathrm{Re}\omega_\lambda^{-1})\partial_{u_\lambda^1}\phi_\lambda + (\mathrm{Im}\omega_\lambda^{-1})\partial_{u_\lambda^2}\phi_\lambda\right)\circ\phi_\lambda^{-1}\\ =&\left((\mathrm{Re}\omega_\mu^{-1})\partial_{u_\mu^1}\phi_\mu + (\mathrm{Im}\omega_\mu^{-1})\partial_{u_\mu^2}\phi_\mu\right)\circ\phi_\mu^{-1}\end{aligned}$$

在 $\Sigma_{\lambda\mu}\setminus(P_\omega\cup Z_\omega)$ 上成立, 即存在 $X_\omega\in\mathfrak{X}(\Sigma\setminus(P_\omega\cup Z_\omega))$ 使得

$$X_\omega|_{\Sigma_\lambda\setminus(P_\omega\cup Z_\omega)} = \left((\mathrm{Re}\omega_\lambda^{-1})\partial_{u_\lambda^1}\phi_\lambda + (\mathrm{Im}\omega_\lambda^{-1})\partial_{u_\lambda^2}\phi_\lambda\right)\circ\phi_\lambda^{-1}.$$

再由 (7.19) 可知: 对紧曲面上的亚纯微分 $\omega\not\equiv 0$ 有

$$\deg\omega = -\sum_{x\in P_\omega\cup Z_\omega}\mathrm{Ind}_x X_\omega, \tag{11.17}$$

结合 Poincaré-Hopf 指标公式可得

$$\deg\omega = -\chi(\Sigma). \tag{11.18}$$

练习 11.9 构造球面上不恒为零的亚纯微分以及环面上处处非零的全纯微分.

11.8 协变导数和指数映射

在这一节的最后, 我们引入曲面 $\Sigma \subseteq \mathbb{R}^3$ 上协变导数和测地线的概念. 设 $\Sigma \subseteq \mathbb{R}^3$ 是一张曲面, $I \subseteq \mathbb{R}$ 是一个区间, $\gamma : I \to \mathbb{R}^3$ 是光滑映射且 $\gamma(I) \subseteq \Sigma$.

11.8.1 协变导数

定义 11.2 我们称满足 $X(t) \in T_{\gamma(t)}\Sigma(t \in I)$ 的光滑映射 $X : I \to \mathbb{R}^3$ 为 Σ **沿 γ 的切向量场**. 对上述 X 定义沿 γ 的切向量场 $\nabla_{\frac{d\gamma}{dt}}X$ 如下:

$$\nabla_{\frac{d\gamma}{dt}}X(t) := \frac{dX}{dt} \text{ 在 } T_{\gamma(t)}\Sigma \text{ 中的 (正交) 投影}, t \in I.$$

我们称$\nabla_{\frac{d\gamma}{dt}}X$ 为 X 沿 γ 的协变导数. 由定义可知 7.2.2(i) $\sim$ (iii) 对 Σ 沿 γ 的切向量场 X, Y 以及 $f \in C^\infty(I)$ 成立. 取 $\phi : D \to \mathbb{R}^3$ 是 Σ 的一个坐标表示, 记

$$c(t) := \phi^{-1} \circ \gamma(t) = (u^1(t), u^2(t)), \quad t \in I',$$

其中 $I' := \gamma^{-1}(\mathrm{Im}\phi)$ 是 I 的开子集. 对任何 Σ 沿 γ 的切向量场 X,

$$X(t) = \sum_{i=1}^{2} X^i(t)\phi_i \circ c(t), \quad t \in I',$$

其中 $X^1, X^2 \in C^\infty(I'), \phi_i(u) := \partial_{u^i}\phi(u), u = (u^1, u^2) \in D, i = 1, 2$. 由定义可知 (7.8) 式在 I' 上成立. 特别地,

$$\nabla_{\frac{d\gamma}{dt}}\frac{d\gamma}{dt}\bigg|_{I'} = \sum_{i=1}^{2}\left(\frac{d^2u^k}{dt^2} + \sum_{i,j=1}^{2}\Gamma_{ij}^k\frac{du^i}{dt}\frac{du^j}{dt}\right)\phi_k \circ c(t).$$

11.8.2 测地线

定义 11.3 若 $\nabla_{\frac{d\gamma}{dt}}\frac{d\gamma}{dt} = 0$ 在 I 上成立, 则称 γ 是 Σ 上的测地线.

由定义可知: γ 是测地线当且仅当对 Σ 的任何坐标表示 $\phi : D \to \mathbb{R}^3$, $\gamma|_{\gamma^{-1}(\mathrm{Im}\phi)}$ 是 7.2.3 小节中定义的测地线, 即

$$\frac{d^2u^k}{dt^2} + \sum_{i,j=1}^{2} \Gamma_{ij}^k \frac{du^i}{dt}\frac{du^j}{dt} = 0 \text{ 在}\gamma^{-1}(\mathrm{Im}\phi)\text{上成立}, k = 1, 2.$$

练习 11.10 证明: γ 是 Σ 上的测地线 $\Leftrightarrow \dfrac{d\gamma}{dt} \times \dfrac{d^2\gamma}{dt^2} : I \to \mathbb{R}^3$ 是 Σ 沿 γ 的切向量场且 $\left|\dfrac{d\gamma}{dt}\right|$ 是 I 上常数函数.

练习 11.11 设 $\gamma_1, \gamma_2 : I \to \Sigma$ 均是测地线, 存在 $t_0 \in I$ 使得 $\dfrac{d^i\gamma_1}{dt^i}(t_0) = \dfrac{d^i\gamma_2}{dt^i}(t_0), i = 0, 1$, 证明 $\gamma_1 \equiv \gamma_2$.

由 Σ 的坐标表示和 8.1 节可知: 任何 $P \in \Sigma$, 存在 P 的开邻域 $U_P \subseteq \Sigma$ 和 $r > 0$ 使得对任何 $Q \in U_P$ 和 $v \in \mathbb{B}_Q(r) := \{v \in T_Q\Sigma \mid |v| < r\}$ 存在唯一测地线 $\gamma_{Q,v} : [-1, 1] \to \Sigma$ 满足

$$\gamma_{Q,v}(0) = Q, \quad \frac{d\gamma_{Q,v}}{dt}(0) = v. \tag{11.19}$$

从而, 对任何 $Q \in U_P$ 可定义光滑映射

$$\begin{aligned} \exp_Q : \mathbb{B}_Q(r) &\to \Sigma \\ v &\mapsto \gamma_{Q,v}(1). \end{aligned}$$

我们称 $\exp_Q : \mathbb{B}_Q(r) \to \Sigma$ 为 Σ 在 Q 处的指数映射. 由 (8.2) 可知: 当 U_P 和 r 充分小时, $\exp_Q(\mathbb{B}_Q(r))$ 是 Σ 的开子集且 $\exp_Q$ 是 Σ 的一个坐标表示.

由 (8.1) 可知当 $t \in [-1, 1]$ 时

$$\exp_Q(tv) = \gamma_{Q,v}(t). \tag{11.20}$$

从而, $t \mapsto \exp_Q(tv)$ 是 Σ 上的测地线. 因此, $\exp_Q$ 将切空间 $T_Q\Sigma$ 中过原点的直线映为 Σ 上的测地线.

第 12 章　内蕴距离与三角剖分

我们将通过曲面上曲线的弧长引入曲面的内蕴度量空间结构, 并分析度量球的凸性. 作为应用, 我们将证明紧曲面上总存在测地三角剖分 (在 11.6 节中我们在暂时承认三角剖分的存在性的基础上完成了整体 Gauss-Bonnet 公式的证明). 在这一章中, 我们记 $\Sigma \subseteq \mathbb{R}^3$ 是一张曲面.

12.1　内 蕴 距 离

设 $\gamma : [0,1] \to \Sigma$ 是连续映射, 若存在 $0 = t_0 < t_1 < \cdots < t_L = 1$ 使得 $\gamma\big|_{[t_{i-1},t_i]} : [t_{i-1}, t_i] \to \mathbb{R}^3$ 是光滑映射 $(1 \leqslant i \leqslant L)$, 则称 γ 是 Σ 上的分段光滑曲线. 对给定的 $P, Q \in \Sigma$, 记

$$\Omega_{P,Q} = \{\text{分段光滑曲线 } \gamma : [0,1] \to \Sigma \mid \gamma(0) = P, \gamma(1) = Q\}.$$

我们定义 $d(P,Q) := \inf\limits_{\gamma \in \Omega_{p,Q}} \int_0^1 \left|\frac{d\gamma}{dt}\right| dt$. 由定义可知

$$d(P,Q) \geqslant |P - Q|. \tag{12.1}$$

从而 $d(P,Q) > 0$ 对任何 $P \neq Q \in \Sigma$ 成立. 任取 $P_1, P_2, P_3 \in \Sigma$ 以及 $\gamma_1 \in \Omega_{P_1,P_2}$ 和 $\gamma_2 \in \Omega_{P_2,P_3}$, 令

$$\gamma_1^{-1}(t) = \gamma_1(1-t), \quad 0 \leqslant t \leqslant 1,$$

$$\gamma_3(t) = \begin{cases} \gamma_1(2t), & 0 \leqslant t \leqslant \dfrac{1}{2}, \\ \gamma_2(2t-1), & \dfrac{1}{2} \leqslant t \leqslant 1. \end{cases}$$

则 $\gamma_1^{-1} \in \Omega_{P_2,P_1}, \gamma_3 \in \Omega_{P_1,P_3}$ 且

$$\int_0^1 \left|\frac{d\gamma_1^{-1}}{dt}\right| dt = \int_0^1 \left|\frac{d\gamma_1}{dt}\right| dt,$$

$$\int_0^1 \left|\frac{d\gamma_3}{dt}\right| dt = \int_0^1 \left|\frac{d\gamma_1}{dt}\right| dt + \int_0^1 \left|\frac{d\gamma_2}{dt}\right| dt,$$

从而

$$d(P_1, P_2) = d(P_2, P_1), \qquad d(P_1, P_3) \leqslant d(P_1, P_3) + d(P_2, P_3). \tag{12.2}$$

这就证明了 $d : \Sigma \times \Sigma \to \mathbb{R}_{\geqslant 0}$ 是 Σ 上的距离函数, 从而 (Σ, d) 构成一个度量空间, 我们称 d 为 Σ 的内蕴距离.

12.2　最短测地线

取 $P \in \Sigma$, 由 11.8.2 小节可知: 存在 P 在 Σ 中的开邻域 U_P 及充分小的 $r > 0$ 使得对任何 $Q \in U_P$, $\exp_Q : \mathbb{B}_Q(r) \to \Sigma$ 是 Σ 的坐标表示, 其中 $\mathbb{B}_Q(r) = \{v \in T_Q\Sigma \mid |v| < r\}$.

任取 $Q \neq Q' \in \exp_Q(\mathbb{B}_Q(r))$, 则存在唯一 $v \in \mathbb{B}_Q(r)$ 使得 $\exp_Q v = Q'$. 由 (11.2), $\gamma_{Q,v}(t) = \exp_Q(tv)(t \in [0,1])$ 是 Σ 上的测地线满足 $\gamma_{Q,v}(0) = Q, \gamma_{Q,v}(1) = Q'$. 从而

$$\int_0^1 \left|\frac{d\gamma_{Q,v}}{dt}\right| dt = \left|\frac{d\gamma_{Q,v}}{dt}(0)\right| = |v|. \tag{12.3}$$

设 $\gamma \in \Omega_{Q,Q'}$, 取 $\tau \in [0,1]$ 为

$$\tau = \sup\{s \in [0,1] \mid \gamma([0,s]) \subseteq \exp_Q\big(\mathbb{B}_Q(|v|)\big)\}.$$

由定义可知 $\gamma([0,\tau]) \subseteq \exp_Q\big(\mathbb{B}_Q(r)\big)$, 于是存在光滑映射 $v : [0,\tau] \to \mathbb{B}_Q(r)$ 使得

$$\gamma(t) = \exp_Q(v(t)), \quad t \in [0,\tau].$$

再由 τ 的定义可知 $|v(\tau)| = |v|$. 令

$$\tau' = \sup\{s \in [0, \tau] \mid \gamma(s) = Q\},$$

则 $0 \leqslant \tau' < \tau, v(\tau') = 0$, 并且

$$\begin{aligned}\int_0^1 \left|\frac{d\gamma}{dt}\right| dt &\geqslant \int_{\tau'}^{\tau} \left|\frac{d\gamma}{dt}\right| dt \\ &\overset{(8.9)}{\geqslant} \int_{\tau'}^{\tau} \left|\frac{d|v(t)|}{dt}\right| dt \\ &\geqslant |v|. \end{aligned} \tag{12.4}$$

比较 (12.3), (12.4) 可知 $\displaystyle\int_0^1 \left|\frac{d\gamma}{dt}\right| dt \geqslant \int_0^1 \left|\frac{d\gamma_{Q,v}}{dt}\right| dt$. 这就证明了如下命题.

命题 12.1 对任何 $P \in \Sigma$, 存在 $r_P > 0$ 使得对任意 $Q \in B_P(r_P)$ 和 $r \in (0, r_P)$ 有

(i) 指数映射 $\exp_Q : \mathbb{B}_Q(r) \to \Sigma$ 是 Σ 的坐标表示,

$$\exp_Q\big(\mathbb{B}_Q(r)\big) = B_Q(r) := \{Q' \in \Sigma \mid d(Q, Q') < r\}.$$

(ii) 任给 $Q' \in B_Q(r)$, 存在 $\gamma \in \Omega_{Q,Q'}$ 满足

$$\int_0^1 \left|\frac{d\gamma}{dt}\right| dt = d(Q, Q'), \tag{12.5}$$

等式 (12.5) 成立当且仅当

$$\gamma(t) = \exp_Q(\eta(t)v),$$

其中 $v \in \mathbb{B}_Q(r), \eta : [0, 1] \to [0, 1]$ 是分段光滑的增函数并且存在 $0 \leqslant \tau' < \tau \leqslant 1$ 使得

$$\eta\big|_{[0,\tau']} \equiv 0, \quad \eta\big|_{[\tau,1]} \equiv 1, \eta\big|_{(\tau',\tau)} > 0.$$

在 (i) 中, 取 $Q = P$ 可知: 对任何 $P \in \Sigma$, 存在 $r_P > 0$ 使得 $\{B_P(r) \big| 0 < r < r_P\}$ 构成 Σ 在 P 处的邻域基. 从而 $\Sigma(\subseteq \mathbb{R}^3)$ 上的子空间拓扑与距离函数 $d : \Sigma \times \Sigma \to \mathbb{R}_{\geqslant 0}$ 在 Σ 上定义的拓扑一致.

在 (ii) 中, 对 $Q' = \exp_Q(v) \in B_Q(r)$ 和满足 (12.5) 式的 $\gamma \in \Omega_{Q,Q'}$ 有

$$\left|\frac{d\gamma}{dt}\right| = \text{常数} \Leftrightarrow \gamma\text{是测地线} \Leftrightarrow \gamma = \gamma_{Q,v}. \tag{12.6}$$

当 (12.6) 成立时,

$$\left|\frac{d\gamma}{dt}\right| = |v| = d(Q, Q'). \tag{12.7}$$

由 (12.6) 可知: 对任何 $P, Q \in \Sigma$, 若 $\gamma \in \Omega_{P,Q}$ 满足 $\int_0^1 \left|\frac{d\gamma}{dt}\right| dt = d(P, Q)$ 且 $\left|\frac{d\gamma}{dt}\right| =$ 常数, 则 γ 是测地线, 从而是光滑曲线. 我们称满足

$$\int_a^b \left|\frac{d\gamma}{dt}\right| dt = d(\gamma(a), \gamma(b)) \tag{12.8}$$

的测地线 $\gamma : [a, b] \to \Sigma$ 为**最短测地线**.

12.3 强 凸 集

定义 12.1 设 A 是 Σ 的子集, 若对任何 $P, Q \in A$ 均存在测地线 $\gamma_{P,Q} \in \Omega_{P,Q}$ 使得

(i) $\gamma_{P,Q}$ 是 $\Omega_{P,Q}$ 中唯一的最短测地线;

(ii) $\gamma_{P,Q}$ 是 $\Omega_{P,Q}$ 中唯一落在 A 中的测地线,

则称 A 是 Σ 中的**强凸集** (strongly convex set).

由定义可知

$$A_\lambda \subseteq \Sigma\text{是一族强凸集}, \lambda \in \Lambda \Rightarrow \bigcap_{\lambda \in \Lambda} A_\lambda\text{是}\Sigma\text{中强凸集}. \tag{12.9}$$

任取 $P \in \Sigma$, 取 $r_P > 0$ 同 12.2 节中. 在 (12.7) 中取

$$Q = \exp_P x, \quad Q' = \exp_Q v,$$

可得

$$f(x,v) := d^2(Q,Q') = \sum_{i,j=1}^{2} g_{ij}(x,v)v^i v^j, \tag{12.10}$$

其中 $x \in \mathbb{B}_P(r_P), v \in \mathbb{B}_Q(r_P)$, $g_{\exp_Q}(v) = \big[g_{ij}(x,v)\big]$,$(v^1,v^2)$ 是 v 关于 $T_Q\Sigma$ 的一组单位正交基的坐标. 由 8.1 节可知 g_{ij} 是 (x,v) 的光滑函数. 再由 (12.10) 和命题 8.1 可知

$$\partial_{v^j} f(x,0) = 0, \quad \partial_{v^j}\partial_{v^k} f(x,0) = 2\delta_{jk}, \quad 1 \leqslant j,k \leqslant 2.$$

从而, 存在 $0 < \delta_P < \dfrac{r_P}{3}$ 使得对任何 $x \in \mathbb{B}_P(\delta_P), v \in \mathbb{B}_Q(\delta_P)$

$$\left[\partial_{v^j}\partial_{v^k} f - \sum_{i=1}^{2} \partial_{v^i} f \Gamma^i_{jk}\right]_{1\leqslant j,k\leqslant 2}(x,v)\text{是正定矩阵}. \tag{12.11}$$

任取 $0 < r < \delta_P, Q = \exp_P x \in B_P(\delta_P)$ 以及 $Q' \neq Q'' \in B_Q(r)$. 由三角不等式可得

$$Q' \in B_P(2\delta_P), \quad Q'' \in B_{Q'}(2r).$$

由 $2r < 2\delta_P < r_P$ 和命题 12.1, 存在唯一最短测地线 $\gamma \in \Omega_{Q',Q''}$ 使得 $\gamma([0,1]) \subseteq B_{Q'}(2r)$. 再由三角不等式, $B_{Q'}(2r) \subseteq B_Q(3r)$. 由于 $3r < 3\delta_P < r_P$, 由命题 12.1 可定义光滑映射 $v : [0,1] \to \mathbb{B}_Q(3r)$,

$$v(t) := \exp_Q^{-1}(\gamma(t)), \quad 0 \leqslant t \leqslant 1.$$

由测地线方程可得

$$\frac{d^2}{dt^2} f(x,v(t)) = \sum_{j,k=1}^{2} \left(\partial_{v^j}\partial_{v^k} f - \sum_{i=1}^{2} \partial_{v^i} f \Gamma^i_{jk}\right)(x,v(t))\frac{dv^j}{dt}\frac{dv^k}{dt} \overset{(12.11)}{>} 0.$$

由 f 的定义可知 $d^2(Q,\gamma(t)) = f\circ v(t)$ 是 $t\in[0,1]$ 的严格凸函数. 从而

$$
\begin{aligned}
d(Q,\gamma(t)) &\leqslant \max\big(d(Q,\gamma(0)),d(Q,\gamma(1))\big)\\
&= \max\big(d(Q,Q'),d(Q,Q'')\big) < r, \quad 0\leqslant t\leqslant 1.
\end{aligned}
$$

这就证明了 $\gamma\big([0,1]\big)\subseteq \mathbb{B}_Q(r)$. 从而得到如下 Whitehead 定理 [10]:

定理 12.1 对任何 $P\in\Sigma$, 存在正数 $\delta_P < r_P$ 使得对任何 $Q\in B_P(\delta_P)$ 有

(i) $d^2(Q,\cdot)$ 是 $B_Q(\delta_P)$ 上严格凸函数, 即 $d^2(Q,.)$ 限制到任何测地线 $\gamma: I\to B_Q(\delta_P)$ 上得到关于 $t\in I$ 的严格凸函数 $d^2(Q,\gamma(t))$;

(ii) 当 $r\in(0,\delta_P)$ 时 $B_Q(r)$ 是 Σ 中强凸集.

练习 12.1 当 Σ 为 $\mathbb{R}^3$ 中单位球面时, 对任何点 $P\in\Sigma$ 确定上述定理中 δ_P 的最大值.

练习 12.2 设 $P\in\Sigma$,δ_P 为上述定理中的常数, 证明:

(i) $B_P(\delta_P)$ 中的测地线都是简单曲线;

(ii) $B_P(\delta_P)$ 中的任何两条不同的测地线至多交于一点;

(iii) 对任何 $r\in(0,\delta_P)$, $\partial B_P(r) := \{Q\in\Sigma | d(P,Q)=r\}$ 与 $B_P(\delta_P)$ 中的任何一条测地线至多交于两点;

(iv) 对任何 $r\in(0,\delta_P)$, $\overline{B_P(r)} := \{Q\in\Sigma | d(P,Q)\leqslant r\}$ 均是 Σ 中强凸集.

对 $Q_1,Q_2,Q_3\in B_P(\delta_P)$, 记 $\gamma_{ij}\in\Omega_{Q_i,Q_j}$ $(1\leqslant i,j\leqslant 3)$ 为最短测地线, 不妨假设 $Q_i\notin\gamma_{jk}([0,1]), i\neq j,k$. 由于最短测地线均是简单曲线并且两条不同的上述测地线至多交于一点,$\gamma_{12}([0,1])\cup\gamma_{23}([0,1])\cup\gamma_{31}([0,1])$ 是 Σ 上的简单闭曲线, 从而在 Σ 上围成单连通闭区域 $T\subseteq\Sigma$. 由定义可知:T 是 Σ 上的三角形区域 (见 11.6.1 小节).T 的三个顶点是 Q_1,Q_2,Q_3, T 的三条边是 $\gamma_{12}([0,1]),\gamma_{23}([0,1]),\gamma_{31}([0,1])$. 因为 T 的三条边均落在 $B_P(\delta_P)$ 中, 所以由 $B_P(\delta_P)$ 的连通性可知 $T\subseteq B_P(\delta_P)$. 我们称上述三角形区域 T 为 Σ 中的**测地三角形区域**.

设 $A \subseteq B_P(\delta_P)$ 是闭区域, 若 ∂A 由 Σ 中有限条最短测地线构成, 则称 A 为**测地多边形区域**, 我们称组成 ∂A 的最短测地线为 A 的边.

练习 12.3 证明: (i) 测地三角形区域均是强凸集.

(ii) 强凸的测地多边形区域可表示为有限个测地三角形区域的并集, 使得其中任何两个不同的测地三角形区域至多相交于一个公共顶点或者一个公共边.

练习 12.4 如果曲面 Σ 的高斯曲率恒为零，证明：存在的坐标覆盖 $\{(\Sigma_\lambda, \phi_\lambda)\}_{\lambda\in\Lambda}$ 使得当 $\Sigma_{\lambda\mu} \neq \varnothing$ 时, 坐标转移 $\phi_{\lambda\mu} : \phi_\mu^{-1}(\Sigma_{\lambda\mu}) \to \phi_\mu^{-1}(\Sigma_{\lambda\mu})$ 是仿射映射, 即线性映射和平移的复合映射 (提示：利用练习 8.1，并注意到当 $g_{i,j}$ 均为常数时测地线方程组的解是一次函数).

12.4 Radó 定理的微分几何证明

在接下来的讨论中假定 Σ 是紧曲面, 我们将利用强凸覆盖构造 Σ 的三角剖分. 由 Σ 的紧性和 12.3 节中的定理可知: 存在 $\delta > 0$ 使得对任何 $P \in \Sigma$ 有 $\delta_P > \delta$, 从而 $B_P(\delta) \subseteq \Sigma$ 是强凸集. 对任意 $P \in \Sigma$, 取

$$Q_1, \cdots, Q_N \in \partial B_P\left(\frac{\delta}{2}\right) := \left\{Q \in \Sigma \middle| d(P,Q) = \frac{\delta}{2}\right\}$$

使得 $\bigcup_{j=1}^N \gamma_{Q_j,Q_{j+1}}([0,1])$ 是 Σ 上简单闭曲线, 其中 $\gamma_{Q_j,Q_{j+1}} \in \Omega_{Q_j,Q_{j+1}}$ 是最短测地线, $1 \leqslant j \leqslant N (Q_{N+1} := Q_1)$. 取 N 充分大, 可设

$$d(Q_j, Q_{j+1}) < \frac{\delta}{4}, \quad 1 \leqslant j \leqslant N.$$

由练习 12.2 中的 (ii) 可知:对任何 $1 \leqslant j \leqslant N, \gamma_{Q_j,Q_{j+1}}([0,1])$ 把 $B_P\left(\frac{\delta}{2}\right)$ 分为两个强凸集, 再由 (12.9) 可知 $\bigcup_{j=1}^N \gamma_{Q_j,Q_{j+1}}([0,1])$ 在 Σ 中围成一个强凸的多边形区域 A. 由三角不等式和定理 12.1 的 (ii) 可得

$$B_P\left(\frac{\delta}{4}\right) \subseteq A \subseteq \overline{B_P\left(\frac{\delta}{2}\right)}.$$

取 $\delta > 0$ 同上, 由 Σ 的紧性可得 $P_1, \cdots, P_M \in \Sigma$ 使得

$$\Sigma \subseteq \bigcup_{i=1}^{M} B_{P_i}\left(\frac{\delta}{4}\right).$$

由上述构造, 存在 Σ 中强凸的测地多边形区域 A_i 满足

$$B_{P_i}\left(\frac{\delta}{4}\right) \subseteq A_i \subseteq \overline{B_{P_i}\left(\frac{\delta}{2}\right)}, \quad 1 \leqslant i \leqslant M.$$

从而

$$\Sigma = \bigcup_{i=1}^{M} A_i, \quad A_i \subseteq \overline{B_{P_i}\left(\frac{\delta}{2}\right)} (1 \leqslant i \leqslant M) \text{是强凸的测地多边形区域.} \tag{12.12}$$

以下不妨设 $A_i \not\subseteq A_{i'}, 1 \leqslant i \neq i' \leqslant M$.

任取 $1 \leqslant i \neq i' \leqslant M$, 由练习 12.2(ii) 可知 ∂A_i 与 $\partial A_{i'}$ 至多相交于有限多个孤立交点和有限多条最短测地线. 若 $\partial A_i \cap \partial A_{i'} \neq \varnothing$, 任取一点 $Q \in \partial A_i \cap \partial A_{i'}$. 由 (12.12) 可知

$$A_i, A_{i'} \subseteq \overline{B_Q(\delta)}.$$

因为 $\delta < \delta_Q$, 所以 A_i 和 $A_{i'}$ 的任何过 Q 的边均可扩充为以 Q 为中点且长度为 2δ 的最短测地线, 该测地线将 $\overline{B_Q(\delta)}$ 分为两个强凸闭子集. 再由 (12.9) 可知该测地线将 $A_i, A_{i'}$ 都分割为两个强凸的测地多边形区域. 重复这一过程可把 $A_i \cup A_{i'}$ 表示为有限个强凸测地多边形区域的并集, 其中任何两个不同的测地多边形区域至多交于公共顶点或者公共边 (图 12.1).

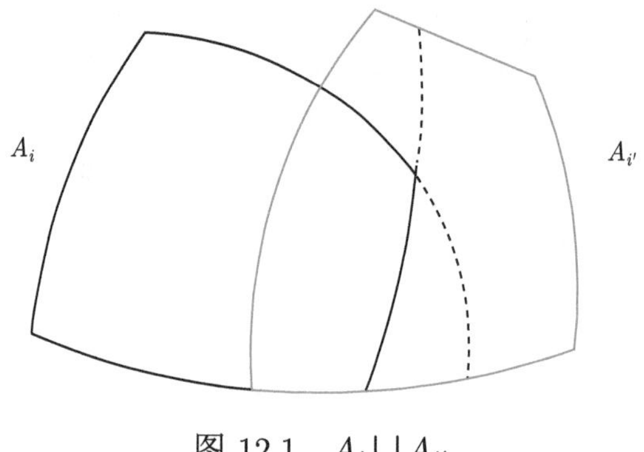

图 12.1　$A_i \bigcup A_{i'}$

至多有限次重复以上过程并利用练习 12.3(ii) 可得

$$\bigcup_{i=1}^{M} A_i = \bigcup_{\ell=1}^{f} T_\ell$$

其中 $T_\ell \subseteq \Sigma$ 是测地三角形区域 $(1 \leqslant \ell \leqslant f)$, 并且对任何 $1 \leqslant \ell \neq \ell' \leqslant f, T_\ell \cap T_{\ell'} = \varnothing$ 或者 T_ℓ 与 $T_{\ell'}$ 的公共顶点或者 T_ℓ 与 $T_{\ell'}$ 的公共边.

这就证明了拓扑学中著名的 Radó 定理. 实际上 Radó[8] 证明了任何紧二维拓扑流形均有三角剖分.

在这一节中, 我们用微分几何方法对紧曲面证明了三角剖分的存在性, 由这个方法构造的三角剖分由测地三角形区域组成. 事实上, 这里的方法可以对任何紧二维黎曼流形构造测地三角剖分. 本书中的几何概念和结论可以推广到更一般的情形 (不限于 $\mathbb{R}^3$ 中的曲线和曲面), 读者可以在进一步的微分几何教程中了解相关内容.

参 考 文 献

[1] Chern S S. Topics in Differential Geometry. 北京: 高等教育出版社, 2016.

[2] Dahlberg B E J. The converse of the four vertex theorem. Proceedings of the American Mathematical Society, 2005, 133: 2131-2135.

[3] Fujimoto F. On the number of exceptional values of the Gauss maps of minimal surfaces. Journal of the Mathematical Society of Japan, 1988, 40(2): 235-247.

[4] Jackson S B. Vertices of plane curves. Bulletin of the American Mathematical Society, 1944, 50: 564-579.

[5] Nirenberg L. Lectures on Linear Partial Differential Equations. Providence: American Mathematical Society, 1973.

[6] 彭家贵, 陈卿. 微分几何. 北京: 高等教育出版社, 2017.

[7] Pressley A. Elementary Differential Geometry. Berlin: Springer, 2010.

[8] Radó T. Über den Begriff der Riemannschen Fläche. Acta Litt. Sci. Szeged., 1925, 2: 101-121.

[9] 苏步青, 胡和生, 沈纯理, 潘养廉, 张国梁. 微分几何. 修订版. 北京: 高等教育出版社, 2016.

[10] Whitehead J H C. Convex regions in the geometry of paths. The Quarterly Journal of Mathematics, 1932, os-3(1): 33-42.

[11] Wolfgang K. Differential Geometry: Curves-Surfaces-Manifolds. 3rd ed. Providence: American Mathematical Society, 2015.

索　引

S

T

W

X

Y

Z

其他